ADA
建筑学一年级设计教学实录

自由的形态

● 张文波　◎　编著

广西师范大学出版社
·桂林·

图书在版编目（CIP）数据

自由的形态／张文波编著 . —桂林：广西师范大学
出版社，2021.8
（ADA 建筑学一年级设计教学实录）
ISBN 978-7-5598-3180-4

Ⅰ . ①自… Ⅱ . ①张… Ⅲ . ①建筑学－教学研究－高
等学校 Ⅳ . ① TU－0

中国版本图书馆 CIP 数据核字 (2020) 第 165662 号

自由的形态
ZIYOU DE XINGTAI

责任编辑：冯晓旭
助理编辑：孙世阳
装帧设计：六　元

广西师范大学出版社出版发行

（广西桂林市五里店路 9 号　　　邮政编码：541004）
（网址：http://www.bbtpress.com　　　　　　　）
出版人：黄轩庄
全国新华书店经销
销售热线：021-65200318　021-31260822-898
山东韵杰文化科技有限公司印刷
（山东省淄博市桓台县桓台大道西首　　邮政编码：256401）
开本：710mm×1 000mm　　1/16
印张：15.25　　　　　　　字数：210 千字
2021 年 8 月第 1 版　　　2021 年 8 月第 1 次印刷
定价：88.00 元

前言

本书系统地梳理了著名建筑师、建筑学者、ADA 建筑设计艺术研究中心（后文简称 ADA）主任王昀教授，在山东建筑大学 ADA 建筑实验班（后文简称 ADA 实验班）采用的建筑设计基础教学法。笔者作为王老师的教学助手有幸参与了教学实验的全部过程，这部拙作主要记录了其三套教学法[①]中的第二套方法"形态与观念赋予"。这一教学法于 2019—2020 学年的第一学期分别在 ADA 实验班的一、二年级进行了教学实验，两个年级的教学实验均实现了预期中的教学目标，取得了发人深思的教学成果。基于此，笔者认为这一教学法对培养和引导学生在建筑形态方面的创作力具有巨大的启发意义，因此将这一教学实验的过程编写成书，以供广大建筑学教育同行参阅。希望拙作能够抛砖引玉，在建筑学教育领域，尤其是在建筑设计基础教学领域引发更加多元的思考。

本书以 ADA 实验班二年级（2018 级）的"形态与观念赋予"教学实验过程为主要内容，是为了教学实验的系统性。在一年级接受了第一套教学法"空间与观念赋予"[②]的同学，到二年级时以自愿报名的方式参与"形态与观念赋予"设计教学，最后原一年级参加过 ADA 实验班的同学有 7 名报名参加，另有 2 名没参加过 ADA 实验班的同学自愿参与。之所以采用完全开放、自愿参与的方式，是为了保证该教学法的普适性和教学资源的平等性。此外，对 2019 级 ADA 实验班的教学实验是王老师首次在建筑学一年级的建筑设计基础课程开展这一教学法，最终的实验成果将在本书的附录部分集中展示。

《自由的形态》这一书名主要是根据王昀老师"形态与观念赋予"教学法的观点及训练目标概括得出的。如果说"空间与观念赋予"教学法的目标是开拓同学们对自由空间内部形式的捕捉和设计应用能力，是在建筑设计基础阶段对同学们的空间启蒙，那么"形态与观念赋予"教学法的目标则是激发同学们对自由形态的创作和对应形态之下的空间设计应用能力。而这个教学目标为笔者概括得出"自由的形态"这一主题提供了充分的依据。

---

① 三套建筑设计教学法按照先后顺序依次是"空间与观念赋予""形态与观念赋予""几何与观念赋予"。
② "空间与观念赋予"设计教学法起初是在一年级的 2018—2019 学年第二学期的最后 8 周课程开始的，具体教学开展时间为 2019 年 5 月 6 日至同年 6 月 25 日。详细教学过程参见笔者拙作《空间的唤醒》。

除此之外，王昀老师关于建筑形态设计的教学观点也对这一主题的确立具有重要的启发作用。

宇宙万物形态万千，无论浩瀚无垠的宇宙，还是渺若无形的尘埃，都具有各自的形态。尽管这些形态并非是恒久不变的，但建筑作为人类的创造物，是具有一定的固定形态的。王昀老师认为这种形态遵循着一定的宇宙法则。宇宙万物的形态皆存在于力的平衡，我们肉眼可见的和不可见的形态都是由力的平衡作用产生的结果，例如，宇宙中的恒星、行星以及暗物质等都是由引力、电磁力、量子力等维系出相应的形态，微观世界中的分子、原子、质子、电子、夸克等同样是由相应的力维系出相对于时间的物质形态。

人类文明发展到现在，我们常会认为自身创造可以摆脱力的支配，由意志去生发、控制直到生成稳定的形态。可是如果我们稍加追问：我们的意志又是由什么来支配的呢？人类作为宇宙大爆炸后的一种物质存在，在构造过程中必然遵从宇宙法则，是一系列力来支配构成的有机物、细胞、组织、器官、系统，直至人体。而人类意志这种看似无形的存在，其本质也是一种物质，因此意志也是宇宙法则下力的产物，这也就说明人类创造出的物质形态必然遵从同样的法则。然而，作为建筑学的初学者，如果在启蒙阶段就把对形态的创作学习限于人类意志范畴之内，那么在无数宇宙法则支配下的万事、万物的形态便会被忽视，这也是王昀老师提出"形态与观念赋予"教学法想要解决的问题，即在建筑学设计基础教学中，解决困扰多数建筑学专业的同学有关建筑形态的创造力的问题。

拙作详尽地记录、整理了王昀老师在 ADA 实验班进行的"形态与观念赋予"设计教学的实验方法、步骤、过程及教学成果，希望能为广大读者最大限度地展现整个教学实验和相应细节。参与此次教学实验的这 9 位同学还继续参与完成了第三套"几何与观念赋予"设计教学实验，笔者将在该系列图书的第三本《几何的秩序》中竭力呈现出第三套教学法的完整过程和相应成果。

鉴于笔者个人能力所限，还请广大读者批评、指正！

课程名称： 建筑设计基础

作业名称： 临水书吧设计

课程周期： 1～7周教学，第8周全年级评图

课程时间： 2019.9.10—2019.11.5：

授课老师： ADA建筑设计艺术研究中心王昀教授、张文波讲师

教学实验对象： 山东建筑大学2018级ADA建筑实验班的9名同学（马司琪、王建翔、刘哲淇、张琦、张树鑫、姜恬恬、崔薰尹、黄俊峰、谢安童）；2019级ADA建筑实验班的15名同学（初馨蓓、石丰硕、张皓月、崔晓涵、李凡、董嘉琪、杨珞珺、宁思源、刘源、刘昱廷、于爽、徐维真、金奕天、郑泽浩、梁润轩）。

教学目的：

1. 初步认识并掌握自由建筑形态的创造途径，为丰富的建筑形态设计奠定基础。

2. 掌握自由、丰富形态下的空间与功能的融合能力。

3. 培养对多个功能空间的设计、组织能力，以及对空间氛围的营造能力。

4. 理解并运用形态中空间与功能之间的融合、碰撞、退让、切削四个知识点。

5. 强化借助计算机软件、三维扫描和虚拟仿真技术进行空间形态设计的能力。

6. 提高图面表达能力。

临水书吧设计任务书①：

总体要求

1. 场地与功能分析：分析给定的两块建筑用地的特点和利弊，从朝向、景观、流线等角度加以对比研究。：

2. 空间和流线组织：从空间构成的角度对空间进行恰当的围合、分隔、组合等处理，使设定的空间适用于指定的功能，并最终形成合理且富有逻辑

---

① "临水书吧设计任务书"是在山东建筑大学建筑城规学院建筑设计教研室二年级教研组拟定要求的基础上加以修改完成的。

性和趣味性的空间。设计中应注意利用顶界面、侧界面、底界面在三维向度上对空间进行限定与提示。对空间的划分和围合要求与使用功能相符并利于使用。

3. 建筑形态的推敲：建筑形态源于自由的物质存在，如何让自由的空间形态与建筑的内部功能有机地融为完整的建筑是本次训练的重点，同时也要兼顾建筑内部的空间组织和采光、通风需求，以及外部场地给人的感受。

4. 设计表达：掌握门、窗、楼梯等建筑要素在建筑制图中的表达方法。

具体要求

1. 场地特征：临水地段

选取北方某城市老城区临水地段的两块用地（见下图）。这两块用地均毗邻湖泊，通过步行道与城市道路相连，主要人流集中在湖泊西侧的道路。用地周边均是高度为 4m 左右的单层建筑，用地里的树木可根据方案选择性地保留。

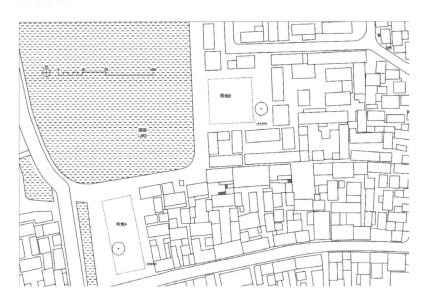

2. 功能要求：城市书吧

拟建一座供游人和市民聚会、交流的休闲书吧，总建筑面积在 650m² 左右。

功能包括：

① 开放空间

阅览区，至少 108m^2（其中需要有至少 30m^2 的两层通高空间）

开架书库区，至少 108m^2

门厅前台区，面积自定

开放空间可兼作交通空间

② 限定空间

讨论区，36m^2

新书展示区，50~75 m^2

③ 封闭空间

办公室，9m^2×2（可分可合）

卫生间，9m^2×2（允许"黑房间"）

茶水间，9m^2

杂物间，9m^2

楼梯间、走廊等交通空间

3. 限定条件

用地：用地 A 的建筑红线为 12m×30m，用地 B 的建筑红线为 18m×18m。

垂直交通：楼梯踏步高 150~175mm，宽 260~300mm。

空间：用地 A 的建筑高度不超过 12m，用地 B 的建筑高度不超过 18m，层高和层数自定；女儿墙高 600mm，若上人则应为 1200mm。

气候边界：建筑应该具有完整、明确的气候边界。

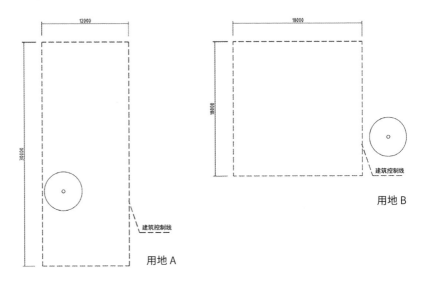

成果要求

1. 模型：模型比例不小于 1∶200，需要打印 3D 模型。

2. 图纸：以总平面图、平面图、剖面图、立面图、模型照片和能够表达整体空间关系的轴测图或透视图为主。建议比例：总平面图 1∶300，平面图、剖面图 1∶100~1∶150，根据版面调整。其他图纸比例依据构图自行设定，表达方式不限。

3. 图幅：标准 A1 图幅，数量自定。

目录

第一章

从空间走向形态

在"形态与观念赋予"设计教学训练的开始，王昀老师从他的建筑设计教学法的综述引入，回顾了"空间与观念赋予"设计教学的相关内容，并系统地讲解了"形态与观念赋予"的概念、形态获取、形态记录、观念赋予的训练手段，最后对整个训练阶段的要求进行了简要说明。这为今后各个环节的学习、训练奠定了理论和操作基础，让同学们理解了这一训练的目标、方法、要求及进度。

1. 回顾

在课程开始前，王老师概要地介绍了自己的建筑设计教学的三套方法，回顾了"空间与观念赋予"教学法的训练目的，并由此引出了"形态与观念赋予"教学法的训练课题。

王老师：上学期同学们接受了"空间与观念赋予"教学法的训练，现在我们在这里先总结、回顾一下。"空间与观念赋予"是一种从空间认知入手的设计方法训练。上学期的训练只有 8 周的学习时间，有些短，如果时间再长一点儿，我会让你们更自由地去发挥。就像清华大学的一个三年级的同学那样，在食堂外的地面上铺张纸，用留在上面的自行车车胎印来获取空间，以此得到一种有趣的建筑空间形式（图 1.1~图 1.4），然后将其深化成一个城市创客空间的建筑方案。

上学期我们接受的从空间入手的建筑设计方法训练是一个比较辛苦的过程，同学们的精力主要消耗在大量的手工模型制作上，而我们即将进行的从形态入手的建筑设计方法训练则相对比较轻松，因为不需要同学们进行大量的手工模型的操作。如何将形态与建筑设计结合起来是这个训练要解决的问题，也是我们建筑学专业所要面临的基本问题，因为涉及建筑造型，所以我将这个课题称之为"形态与观念赋予"。

2. 走向形态

在回顾了"空间与观念赋予"设计教学法之后，王老师对"形态与观念赋予"训练中的主要概念、训练目标，以及形态与观念的辩证关系做了系统的梳理和讲解，让同学们对这一教学训练有了初步的了解。

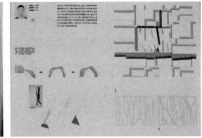
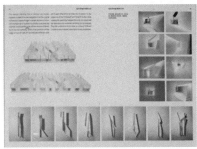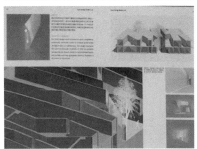

图 1.1～图 1.4

王老师：这个教学过程与"空间与观念赋予"训练一样，总体分为三个部分：基础概念、形态获取及空间解读与观念赋予。无论西方古典建筑，还是中国传统建筑，都具有符合规制的建筑形态，但是我们并没有探究过这些建筑形态得以延续的深层原因。在古代建筑的设计和施工中，东西方的建筑师和结构工程师并没有出现专业分化上的区分。为了保证建筑的牢固性，建筑结构在相当长的时间内逐渐形成了固定的结构范式，反映在建筑外观上便有了稳定、连续的建筑形态，甚至内部空间也形成了稳定的空间范式。

到了 19 世纪末，建筑技术的革新使建筑形态发生了革命性的变化，尤其是这一时期交通技术的发展，使得世界各地的人交往增多，而不同地域的建筑形态对其他地域的人的建筑观念产生了很大冲击。由此可以看出，建筑技术的发展为建筑的形态变化提供了必要条件，但它未必是建筑形态变化的充分必要条件，如果人的观念不变，那么技术再怎么发展，建筑形态都很难发生变化。当然，如果我们把视野延伸到建筑以外的领域就会发现，任何人造物的形态变化都得益于技术的革新。随着人类技术的发展，尤其是 3D 打印技术在建筑设计甚至施工中的广泛应用，未来建筑的形态将有可能发生翻天覆地的变化。同学们应该适应这个时代的技术发展，具有探索未来可能性的精神，思考现在和未来建筑发展的可能性，而不应拘泥于过往。因此，同学们需要逐渐打破以往对建筑形态的固有观念。

建筑设计的方式有很多种，当"形态与观念赋予"设计教学结束后，我们将在这学期的最后8周尝试第三套建筑设计教学法。这三套方法并不是告诉同学们将来在做建筑设计的时候，一定要做这样的建筑形式，而是要根据具体情况灵活运用。目前，我们是在培养同学们关于建筑设计的学习和思考的意识，在这个基础之上，同学们将来还需要不断地探索、研究，随着自身对建筑的理解和对生活的感悟的变化，根据每个人不同的个性，最后形成具有个人特征的建筑设计风格。

3. 形态获取

课程从这部分内容开始进入这次训练的操作理论讲解过程，即形态的初步获取。

王老师：首先，我们讲一下"形态"与"观念赋予"这两个基本概念。"形态与观念赋予"是一种从形态入手的建筑设计方法论。上学期的"空间与观念赋予"设计训练是从平面入手，然后将墙体立起来，围合出空间，但是这个设计训练的结果有一个不足之处，即建筑缺少造型。比如，屏幕上这个建筑模型是由一层层的单层空间叠加起来的，外部的不同立面缺少形态上的变化（图1.5）。而"形态与观念赋予"训练的目的便是解决建筑形态的创造设计问题。

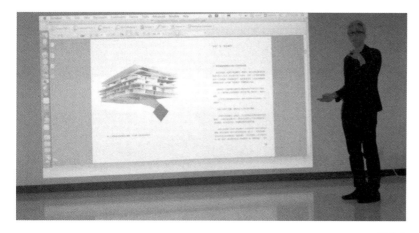

图 1.5

接下来，我们来详细地讲形态的获取。同学们可以猜一下屏幕左侧（图1.6）的这个形态是怎么来的。这是将咱们生活中常见的卷纸的纸筒，用手一捏获得的造型。那么同学们试想一下，这是不是也可以作为一种建筑形态。我手里拿的就是屏幕上的这个纸筒被捏完后的造型（图1.7），如果我们将它想象成高层建筑模型的话，是不是也不错？如果我再往上接几个纸筒，再捏一下就成了超高层建筑模型了（图1.8）。

同学们再看一下我手里的这个将餐巾纸用手揉完后的形态（图1.9），是不是也可以想象成一座建筑模型。如果我将这张餐巾纸展开的话（图1.10），是

图 1.6

图 1.7

图 1.8

图 1.9

图 1.10

不是又可以将其想象成另一种类型的建筑，如会展中心。再举个例子，我将手中的这个橙子的包装袋从内向外翻转过来的话（图1.11），可以得到一个偶然的形态，我们是不是也可以将这个形态想象成一座不错的高层建筑形态（图1.12）。我把它拿近点，同学们看一下它内部的空间形式，是不是同样精彩（图1.13）。这是一个哈密瓜的外包装，如果这样立起来，从建筑视角来看，这个形态很漂亮（图1.14、图1.15），我们可以将它看成是一座高层建筑。如果再稍加改变的话，就可以得到另外一种形态（图1.16），我们可以把它看成是一座博物馆、展览馆或是剧院等建筑的形态。

图 1.11 ～图 1.13

图 1.14 ～图 1.16

同学们看了这些由生活中常见的物品偶然得到的形态后就会发现，形态无处不在，只是等待我们去发现。只要我们给这些物品形态赋予人的尺度，就可以将其想象成建筑形态，那么它距离一座建筑就差将其包裹的空间赋予一定的建筑功能了，而这个功能是根据不同的需求而定的，可以是美术馆、博物馆、剧院、办公楼、商场等。同学们可能也看到或听说过参数化建筑设计，好多人看了其复杂的设计过程后，往往会望而却步，觉得自己很难学会，而通过我们这次训练你会发现，从生活中获得的形态一点儿都不比通过参数化设计得出的形态差。建筑师可以借助从生活中获取形态的方法，建立关于建筑形态与空间的想象力。有的同学想说我们可不可以自己去想，当然可以，但是这种偶然获得的丰富形态很难通过我们的想象去获得。

我刚才给同学们展示了几个形态，其实这衍生出一个问题，就是建筑与雕塑的关系。我刚才展示的这些形态其实更接近于雕塑，建筑与雕塑的区别就在于内部空间，只要内部空间能够被人发掘、利用，以容纳人的行为事件，那么雕塑就变成了建筑。与此同时，随着技术、文化、观念的发展，建筑师也在寻求建筑形态的突破，建筑在形态上越来越接近于雕塑。因此，无论建筑师与雕塑家，还是建筑与雕塑，两者之间的差异性也都越来越小。在这次训练中，虽然从外部形态上来看，我们获取的这些形态更接近于雕塑，但是一旦给这些形态的空间赋予一定的功能，那么这些形态就会从趋近于雕塑转向建筑。随着技术的进步，当我们可以通过扫描技术把这些形态、结构、内部空间都完整地呈现出来的时候，建筑与雕塑可能会融合得更加紧密。

在这个训练当中，我们获取形态之后还有一个重要的问题，就是尺度。建筑师应该具有像孙悟空一样变换尺度的能力，能够将人的尺度赋予到各种空间当中。比如，我们在看刚才获得的这些形态时，觉得它们就是餐巾纸、包装袋或者模型，但如果建筑师将自己的尺度变得非常小，想象自己能够在这些形态中居住生活的话，这个形态就成了建筑形态（图 1.17）。因此，同学们应该从现在开始逐步培养起这种将尺度变大、缩小的想象能力，这也是我们这个训练中的一个内容。只有当同学们以这种变换的尺度去观察我们生活中的万千形态时，才能激发出无穷的关于建筑形态和空间的想象力。

图 1.17

4．形态记录

形态记录是指在获取形态后进行模型记录的操作手段，是将实物形态转化为计算机虚拟模型的过程，是接下来进行建筑形态转化的必要步骤。

王老师：刚才给同学们演示了获取形态的方法。那么这些形态怎样才能转化为建筑形态呢？这就需要借助科技手段，运用三维扫描仪对已获取的形态进行扫描，将其转化为虚拟模型（图1.18），然后，把这些虚拟模型导入犀牛软件（Rhino）中，再进行模型形态表面的处理。在犀牛软件中，我们可以轻松地将模型放大、缩小，这样我们对形态内外的空间都能进行较为全面的研究。

图 1.18

5．观念赋予

观念赋予是在完成虚拟形态记录之后，对该形态围合下的空间进行建筑功能赋予的操作，该操作使之前获取的形态具有了功能和尺度，是使形态具有建筑设计意义的重要步骤。

王老师：同学们通过手工操作和三维扫描获取、记录下来的仅是形态的虚拟模型。如何将这些形态模型应用到建筑设计之中呢？接下来，同学们需要在犀牛软件中对这些形态进行读解，观察这些形态之下的空间形式，并尝试在这些空间内赋予一定的建筑功能，如办公、剧场、展览馆、博物馆等功能（图1.19），只有空间具备了一定的建筑功能，这些形态才能从物的形态逐步转变为建筑的形态。其实简单来说，就是在这些形态下的空间内加楼板，给空间赋予功能，然后再将这些功能通过交通空间和设施连通起来（图1.20）。至于楼板、楼梯、功能方面的问题，同学们可以参考"建筑天书"（王老师对《建筑设计资料集》的幽默叫法），具体的设计参数、图纸表达等在这套书中都有详细的介绍。

在对建筑形态进行功能赋予的过程中，同学们可能会遇到一个问题，就是场地对建筑形态的限制。有的同学会问："如果我选择的一个建筑形态的平面范围超出了建筑场地的建筑红线怎么办？"举例来说，假设我们获得了这样一个不规则的圆滑的建筑形态，但是建筑红线的范围是一个长条矩形，那么这个建筑形态的边界就远远超出了矩形建筑红线的范围（图1.21），该怎么办呢？这种情况下，我们可以采取"切削法"，让这个建筑形态适应建筑红线，即直接将矩形范围外的建筑形态切除，只保留建筑红线之内的部分（图1.22），这样就便捷地解决了这个问题，而且最重要的是，这样做较好地保持

图 1.19

图 1.20

图 1.21

图 1.22

了建筑形态的原始状态。同时，随着切削动作的发生，建筑形态的不同边界会演绎出更加生动的状态，这也算是再创作的偶然所得（图1.23）。

图 1.23

6. 训练要求

在讲述完形态获取、形态记录、观念赋予三个操作环节后，王老师对整个"形态与观念赋予"设计教学训练布置了整体性的训练要求，并对这些训练要求做了明确的说明。

王老师：我们这个训练分前4周和后4周两个阶段，前4周为方案练习，后4周为方案设计。前4周的方案练习不会给同学们任何限制，同学们可以自由地去获取建筑形态、建筑场地，不需要对建筑形态进行任何的切削操作。后4周的方案设计阶段，同学们需要按照临水书吧设计方案的任务书要求进行设计，利用"切削法"对建筑形态处理后，再进行建筑功能的赋予。

给同学们一周的时间，大家需要选出两个形态来完成建筑形态的读解任务。但是，同学们不能仅限于获取两个自由形态，而是要获取若干个形态，然后选出两个去尝试完成读解。这一周的训练目的是让同学们通过手工操作和三维扫描尽可能多地去获取形态，并观察、读解这些形态及其包裹的丰富的内部空间，从而拓展同学们对空间的理解和认识。这需要一个量的积累，为了统一同学们的工作量和进度，我要求同学们这周获取形态的数量不少于 20 个。后 4 周的训练中，同学们还需要再去获取不少于 20 个形态模型。这样，整个8 周的训练结束后，每位同学至少能获取 40 个形态模型，我想这会为同学们积累丰富的建筑形态打下较好的基础。

第二章

读

解

本章呈现了同学们一周以来对所获取的形态的读解情况。每位同学展示了两个根据形态读解的初步建筑方案和一至两个形态的全貌。王昀老师对每位同学展示的形态进行了细致的点评，包括同学们在读解中出现的尺度认知、功能认知、空间氛围等关键问题，并提出了具有启发性的建议，为同学们扫除疑惑，指明方向。

1. 无限可能

同学们对形态的解读是在完全自由、没有功能限制的前提下进行的，这是一种以形态带动空间和功能的设计思维方式。在这一阶段，每位同学根据形态读解出的建筑方案只代表了他们在某一时刻的思考结果，而事实上每个人在读解的时候都有很多不同的思考，因此，这种读解应该具有无限的可能性。这个训练就是去激发同学们对建筑形态与空间的想象力。

王老师：同学们各自获取了几个形态模型？

同学们：二十多个。

王老师：下面请同学们逐一介绍这一周获取的形态，然后讲一下自己从这些形态中读解出的两个建筑形态。

马司琪：这是我读解出来的其中一个建筑形态，外部形态大概是这样的（图2.1）。我想尝试将它的内部读解为一座三层高的剧院（图2.2），在这个部位加一个连接一、二层的公共楼梯（图2.3），因为楼梯上方空间的高度受限，所以我将上方空间设计成贯通二、三层的共享空间。建筑内部的中间位置为剧场空间，周围布置是服务功能空间。三层空间布置咖啡厅、文创商店等休闲功能。

王老师：小马同学，这个形态的原型是什么？

马司琪：是一个套袖。我将一个套袖内外翻折，揉成一团后形成了这个形态。

王老师：好的。每位同学在讲解建筑形态之前，先简要介绍一下获取形态的原型。

马司琪： 这是将一个青椒进行切削、三维扫描，然后用犀牛软件把扫描后的模型面数减少后获得的建筑形态（图2.4）。我想将这座建筑设计成一座图书馆（图2.5），总高度大概为18m，内部空间打算做五层，这五层按照形态的外轮廓逐层跌落，这样设想的初衷是让人有更开阔的交流空间和视野。

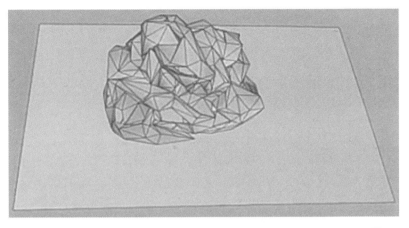

图 2.1

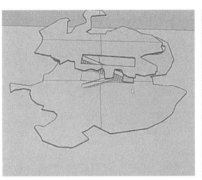

图 2.2

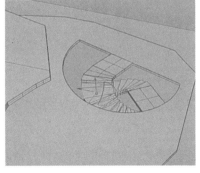

图 2.3

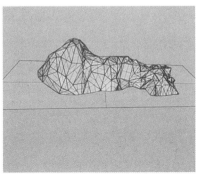

图 2.4

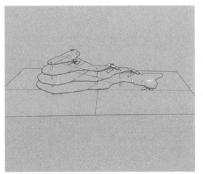

图 2.5

王老师：我有一个小疑问，这个形态的外表面为什么没有保持青椒原型外表面的平滑状态，而是把表面缩略成一个个小的三角形切面。

马司琪：我最初扫描记录得到的形态确实是一种表面平滑的肌理，但是我觉得太具象了，感觉太像青椒了，所以我在犀牛软件里将模型表面的面数减少，试了几次之后就得到了现在这样的形态。

王老师：好的。我们再看一下你获取的其他形态。咱们今天先简略过一遍，了解一下同学们这周做的情况。

马司琪：这是一个将快递包装泡沫袋揉搓之后得到的形态（图2.6）。

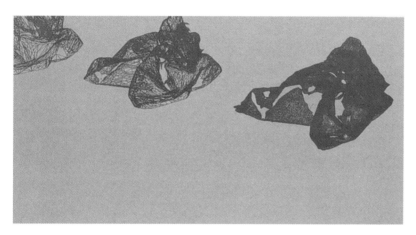

图2.6

王老师：不错！这个形态看上去比前两个要好，通过这个形态表面的裂缝、破洞，内部空间与外部空间就连续起来了。要打破既有的传统建筑观念，房子的形态并不是一定要把外面包裹得严严实实，形态之内也不是一定要全部布置具体的实用功能，还可以做一些共享空间、广场、露台之类的休闲功能空间。所以说，这个形态呈现出的不连续的、看似破碎的状态反而很好。下一位同学。

黄俊峰：这个形态的原型是颗石头，是经过三维扫描记录，然后在犀牛软件里把形态表面面数减少得到的（图2.7）。我把这个形态读解为一座办公建筑，沿形态内部轮廓设计出八个楼层，各层楼板随着形态轮廓向上逐渐退台。除此之外，我还在建筑平面的中间放了一个交通核（图 2.8、图 2.9）。

王老师：你的这个建筑形态和内部功能总体来看有点像扎哈·哈迪德设计的北京银河 SOHO。每层建筑的楼板外边缘可以悬挑出外墙，设计成外部环廊（图 2.10）。再看一下你的另一个建筑形态的读解情况。

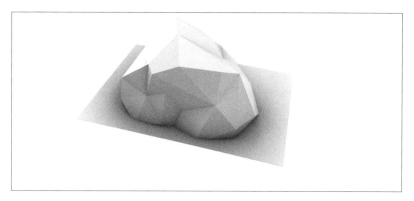

图 2.7

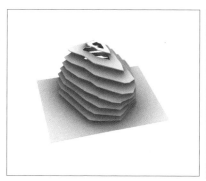

图 2.8

图 2.9

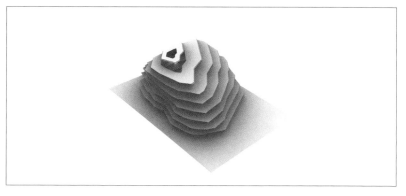

图 2.10

黄俊峰： 这个形态，我把它读解为一个小规模的汽车博物馆，层数只做两层（图 2.11）。我用 CAD 画出了一个简单的平面示意图。这是一层平面图（图 2.12），我在平面图上方布置了一个坡道，汽车可以沿着坡道开到二层，二层布置了休闲区（图 2.13），同时也是人的观览路径。

王老师： 好的。看一下你做的其他形态。

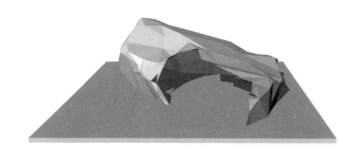

图 2.11

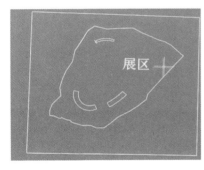

图 2.12

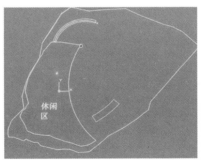

图 2.13

黄俊峰： 这是一个口罩经过揉搓、三维扫描后得到的形态（图 2.14）。

王老师： 这个形态也很好！在这个空的位置做上玻璃（图 2.15、图 2.16），这样一个薄壳建筑就形成了。

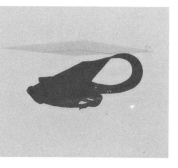

图 2.14　　　　　　　　　　图 2.15　　　　　　　　　　图 2.16

黄俊峰：这是一个以鼠标为原型获得的形态（图 2.17）。

王老师：这看上去适合做个海洋馆建筑。这个也不错（图 2.18），它的形态
内部空间看上去很丰富。如果你仔细去读解，这部分空间是内部的（图 2.19），
而另一部分空间又转到外部，人在室内和外部来回穿梭，这样空间的丰富性
就增强了许多（图 2.20）。

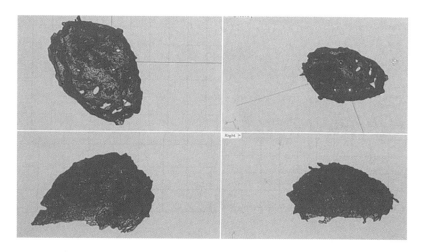

图 2.17

图 2.18 ～图 2.20

张树鑫：这个形态是将橘子原型经过三维扫描获得的，看上去比较开敞、扁平。我想做一个低层建筑（图2.21）。

王老师：这个看上去有点像扎哈·哈迪德做的长沙梅溪湖大剧院。

张树鑫：我想把它设计成一座博物馆，包括展厅、报告厅、会议室、休息区、咖啡厅等功能。

王老师：可以。其实还可以做一些小尺度的建筑，如茶室、接待中心等。看一下另一个建筑形态的读解吧。

张树鑫：这个形态是将口罩原型经过三维扫描后，又在犀牛软件里把面数减少得到的（图2.22）。我想把它做成展览馆一类的建筑。

王老师：同学们想一下，为什么这样复杂的形态适合做展览馆、博物馆？其中很大的原因就是，这样的复杂形态造价高，一般只有政府才能负担得起。

张树鑫：我把展览馆的内部功能在CAD里大致示意了一下，这是一层平面（图2.23），屏幕右边是二层平面（图2.24）。

王老师：再看一下你获取的其他形态的情况。

张树鑫：这是一个由月饼盒为原型获取的形态（图2.25）。

王老师：很棒！这个形态适合做展览馆、博物馆、书店等，可以用玻璃幕墙在这个形态内部边缘的位置围合出建筑气候边界，这样的话，这个建筑会比较通透。请同学们注意建筑气候边界的设置不一定要沿着形态的外边缘来做，可以向形态内部退后一点儿，这样建筑气候边界外的部分就形成了室内外的过渡空间（图2.26）。这个形态下的空间是很美妙的，但是它的外表面是用平滑的面合适，还是用抽象后的分切面合适，同学们课下可以做不同的尝试。

看了前面三位同学做的情况，我感觉还是很不错的。首先，大家获取的形态都超过了20个；其次，这些形态都有各自的特点。但是，我觉得同学们还可以去尝试更多形态的可能性，去拓展形态的读解素材。生活中的一切都可以用来尝试。

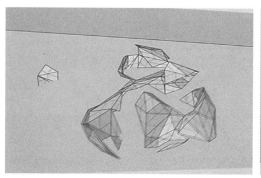
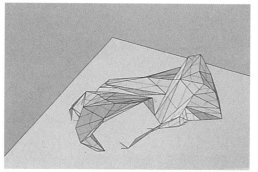

图 2.21   图 2.22

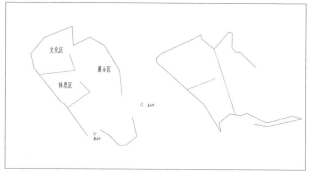

图 2.23   图 2.24

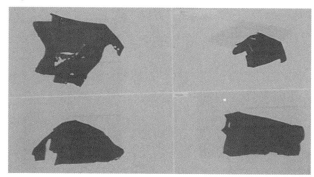
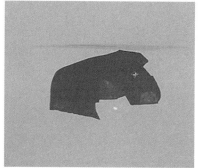

图 2.25   图 2.26

张琦：这个形态的原型是一颗石头。我想把它设计成泰山脚下的游客接待中心建筑（图2.27）。

王老师：好！层高多少？

张琦：这是内部楼板层，层高大概3.5m（图2.28）。

王老师：我看这个形态的表面不是光滑曲面。

张琦：是的。我在犀牛软件里把三维扫描获取的形态的面数减少了。

王老师：好。看你读解的下一个形态。

张琦：这是将一张纸片折叠后，经过三维扫描得到的形态（图2.29）。

王老师：还是同样的问题，你总想把这个形态的边界封闭起来。你们需要注意的是，在读解的时候一定要通过形态原有的缝隙、洞口去想象空间的利用，而不是说空间越封闭越好。比如，从这个形态底部的缝隙进入的话，这就相当于建筑的一个入口位置了（图2.30）。一定要进到形态里面去读解。

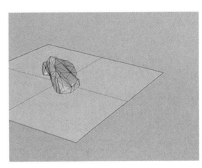

图 2.27

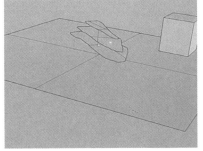

图 2.28

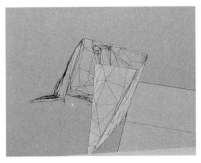

图 2.29

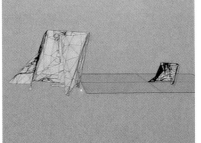

图 2.30

你看，这个形态从这个角度看，空间也是很丰富的（图2.31）。我感觉你可以尝试把这个形态的顶部封闭起来，然后把面向我们的这一面用玻璃幕墙围合起来。还有一种建议是，这个形态不一定非要做成房子，可以尝试把它做成城市公共景观，就像纽约哈德逊广场的Vessel景观建筑。你的这个形态非常开敞，雕塑感也很强，所以适合设计成一座景观建筑。我们不要主观地认为必须要把眼前获取的形态做成我们预设观念中的房子，而要根据对它的形态和内部空间的读解去发现它适合成为什么，这是我们在这个训练中需要有的一种意识。同学们在今后学习现代建筑史时会了解到建筑大师路易斯·康的一句名言，大概的意思是他问砖想成为什么，砖说它想成为拱。在这个形态训练中，同学们也应该跟形态成为朋友，问它想成为什么，这就是我所讲的读解。假如这个形态不适合成为某一类型的建筑的话，那我们应该去读解、发掘它适合成为什么。你的这个形态其实还可以做咖啡馆、社区中心之类的小型建筑，你可以尝试再去读解一下。

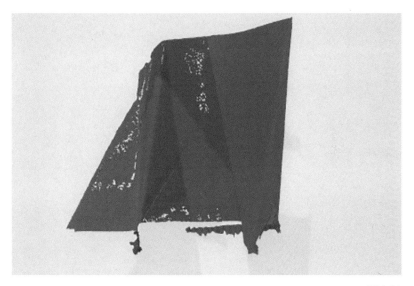

图 2.31

再看一下你获取的其他形态。这个形态也不错（图2.32），把它立起来看的话，是个不错的高层建筑形态。而把它放倒的话（图2.33），它就适合做博物馆、美术馆、展览馆类建筑，在短边开个洞作为建筑入口，人可以在里面参观，同时建筑屋顶可以做成屋顶广场、花园等开放空间，而且地形也有起伏，空间非常丰富。

 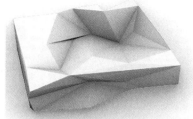

图 2.32 图 2.33

王建翔: 这个形态的原型是一把雨伞。我尝试把它读解为一座高铁站（图2.34）。初步想法是人可以从这个形态的短边进出这个车站（图2.35）。

王老师: 这个不错，一眼看去，霸气十足！

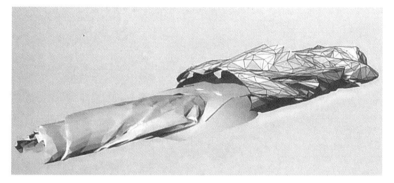

图 2.34

王建翔: 从这里进来之后是验票、安检大厅，然后有一层、二层的候车厅。一层大厅的这道条形墙的左侧是取票区，二层主要是候车厅（图2.36、图2.37）。模型较窄的这一端作为车站服务用房，如餐饮店、商店、库房等（图2.38）。

王老师: 这节课到现在第一次看到尺度这么大的建筑形态，很好！

图 2.35 图 2.36

图 2.37 图 2.38

王建翔：这个形态，我把它读解为一座展览馆（图2.39）。展览馆入口设在这个位置（图2.40）。

王老师：可以。这个形态的原型是什么？

王建翔：原型是一块抹布。我打算把这座建筑的内部设计成三层，屋顶做上人屋面，人们可以从室内走到室外（图2.41、图2.42）。这个位置作为展览馆的次要出口（图2.43）。

图 2.39

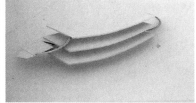

图 2.40 图 2.41

图 2.42 图 2.43

王老师：再看一下你获取的其他形态。

王建翔：这是从一团数据线获取的形态（图2.44）。

王老师：这个可以做成游乐场里的过山车，当然，也可以做成一座城市雕塑。我们的这个课题训练就是让大家根据这些自由的形态去发挥想象，这样的话，尺度就可以自由地放大、缩小，而尺度的变化会给同一个形态带来丰富的空间。

咱们继续，下一位同学请展示一下获取的形态情况。

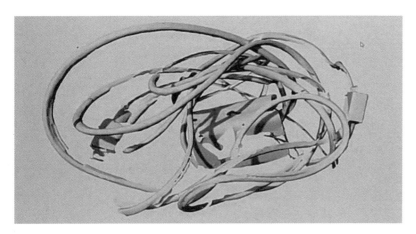

图 2.44

刘哲淇：这是我获取的一个形态，我想把它读解成一座图书馆，其原型是一堆花瓣（图2.45、图2.46），但是通过三维扫描后得到的形态，看上去更像是一堆石板的效果。

王老师：走进去看一下。

刘哲淇：这是里面的平面示意图（图2.47）。从这个视角可以看到这座建筑内部的空间效果，里面设计了水池（图2.48）。

王老师：内部空间的形态很精彩。但需要注意一个问题，就是在读解这座建筑形态的时候，你先不要在里面创造形式。因为利用主观思维去创造的形式跟这个你偶然得到的自由形态是冲突的，尤其是这个圆形（图2.47）。当然，这不是你的问题，因为现在同学们还没有能力创造复杂的形态，去跟原有的形态融合起来。因此，我建议你在这个形态里做最简单的方形平面，然后通过方形与这个形态边界的碰撞、切割来获得功能平面的形式。

目前，这个圆形是规则的几何形状，而这个建筑外壳又是自由的形态，因此这个形式感的冲突是非常明显的。希望你接下来能够避免这种情况，先不要着急在里面自己创造，而是按照形态自有的肌理来做。这又回到前面跟同学们提到的路易斯·康和砖的"对话"了。同学们要对获取的自然形态进行读解，目的是发现这个形态适合做什么，怎样去利用它，而不是主观地去打破这样的势态。这是一个"顺势而为"的过程，是让你兴奋的过程，希望同学们在今后的训练中多加练习，仔细体会。

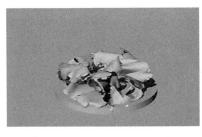

图 2.45   图 2.46

图 2.47   图 2.48

你的这个建筑形态在内部空间中呈现出的魅力主要源于丰富的光影（图 2.49、图 2.50），这些光影随着时间的变化投射出来的空间效果是非常生动和感人的。我建议你做个动画来呈现内部空间的光影效果，然后在里面读解。你可以做个咖啡馆，命名为"影咖啡"，这样的话，这个形态从意境上就提升了。假如在这个角落布置休闲桌椅，人可以在里面体会光影的变化，思考生活的若干小事，这种效果是不是非常棒（图 2.51）？这又引出一个问题，就是同学们需要学会用动画来读解、展示空间，只有这样才能激发出自由形态蕴藏的丰富美感。利用动画路径，配上音效，以自己身体的尺度走进形态内部去读解，这样的方法对咱们这个课题的训练是非常有效的。

接下来，看一下你读解的第二个建筑形态。

刘哲淇：我想把这个形态读解为一座剧院建筑（图2.52、图2.53）。

王老师：从这两个读解形态来看，你喜欢这种流线型的造型，这也反映出你自身的个性。但是你对这个形态的读解反映出来的是跟上一个形态同样的问题。你在这个形态下主观创造的圆形平面，跟外面的自由形态仍然是有冲突的。再展示一下你的其他形态吧。

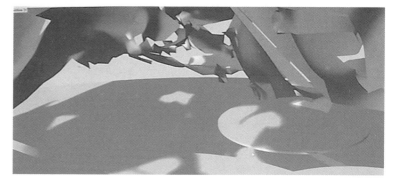

图 2.49

图 2.50

图 2.51

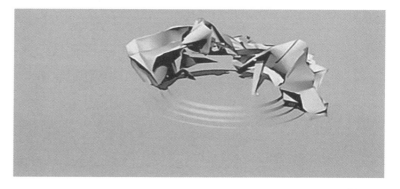

图 2.52

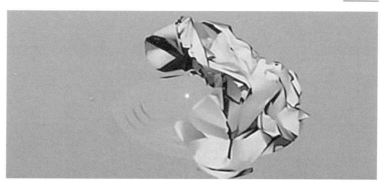

图 2.53

刘哲淇：这是将一个番茄酱包装袋翻折之后，经过三维扫描获得的形态（图2.54）。

王老师：这个很好，很漂亮！你看这里方窗都有了，其实可以做个住宅。

崔薰尹：这是一个以菜花根茎为原型，经过三维扫描获取的形态，我把它读解为一座高层办公楼（图2.55）。这是内部各层楼板的形状，从底层到顶层有一个共享中庭（图2.56、图2.57）。

王老师：这每一层多大面积？

崔薰尹：还没算过。

王老师：同学们需要注意，在读解的时候利用软件计算一下各层面积，这样对内部空间的尺度就会有一定的把握。而且，这对之后在里面设置楼梯、电梯等交通设施会起到一定的参照作用，对经济指标的核算也是有帮助的。

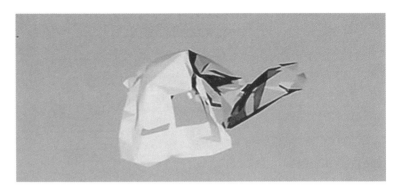

图 2.54

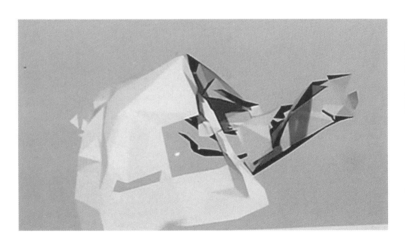

图 2.55

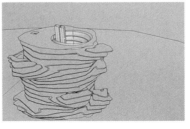

图 2.56

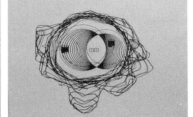

图 2.57

崔薫尹：这个形态的原型是一堆坚果，我想把它读解为一座市民活动中心建筑（图2.58~图2.60）。这是内部各层楼板的布置情况，沿着形态轮廓逐层退台（图2.61）。

王老师：这个形态还有飞起的两翼。

崔薫尹：我想利用这两翼做半室外的公共活动场地。

王老师：再看一下你的其他形态的情况。

崔薫尹：这个形态的原型是一团餐巾纸（图2.62、图2.63），我想把它读解为一座机场航站楼。

王老师：不错，这个很有安东尼奥·高迪的味道！而且这个底面方格形起伏的形态也很有意思，将来可以做成建筑周边地形。

再看一个吧。这是一块点心吧（图2.64）。这个弧形侧面可以读解成一面墙，这个面上斑驳的凹点可以读解为窗洞，这面墙底部可以读解为建筑入口（图2.65）。从

图2.58

图2.59

图2.60

图2.61

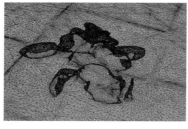

图2.62

图2.63

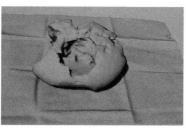

图2.64

图2.65

底部入口进入建筑当中，是一个巨大的建筑中庭，呈现出一种超现实的状态。

崔薰尹：这是一个以牛肉干包装袋为原型获得的形态（图2.66）。

王老师：如果把这个形态上面翘起的部分去掉，底下的这部分可以读解为一座车站建筑（图2.67）。从这个角度看形态的这三个分叉，可以将其读解为车站的不同候车厅（图2.68）。换个方向，将这个形态立起来看，又可以将其读解为一座城市雕塑，如果将尺度设置得宏伟一点儿，人和车可以从地下穿梭（图2.69），也是很有意思的。你再以人的视角去观察这座雕塑的底部，还会发现从俯视视角不曾发现的空间形态（图2.70）。所以说，获取的这些形态是激发同学们想象的原动力，也许同学们自己能够想到的仅仅是简单的空间形态，但是经过读解，你的想象会随着读解逐渐地扩展，这是我们这个形态训练的意义所在。

图 2.66

图 2.67

图 2.68

图 2.69

图 2.70

姜恬恬： 这个形态的原型是一个零钱袋，我把它读解为一座帆船展览中心（图2.71、图2.72）。这是内部楼层的布置情况，我把这座建筑设计成四层（图2.73），中间是一个宽敞的中庭，可以用来展示大型帆船和模型。

王老师： 同学们可以看一下，她在这座建筑中切割的楼板的形状跟建筑形态是比较和谐的。她利用了形态上部的投影线来切割楼板（图2.74），而不是自己去做一个造型，这是目前看起来两者和谐的原因，大家可以借鉴、学习。

姜恬恬： 这是将一张抽纸卷起来后，经过三维扫描得到的形态，我尝试把它读解为一座图书馆（图2.75），在一层平面布置了借书台、还书台、咖啡厅等（图2.76），从剖面图中可以看出里面楼板的布置情况（图2.77右上角）。

王老师： 从这个角度看，形态还是很丰富的。但是这个剖面图反映出来的楼板的布置情况是有问题的，这些楼板边缘都直接跟形态撞在一起了，这样的话，人在里面使用的时候就感知不到外壳的丰富形态了。因此，我建议你将楼板退后一些，使其与形态外壳保持一定的距离，形成一个上下贯通的共享空间，这样的话，里面丰富的空间才能更好地让人感知和体验到。同学们需要以第一视角走进形态里去观察，才能将形态和空间想象力逐渐打开。

图 2.71

图 2.72

图 2.73

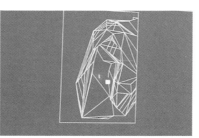
图 2.74

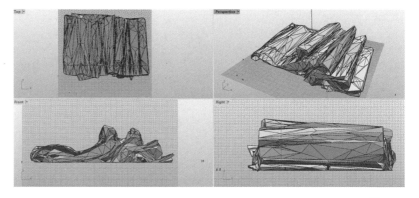

图 2.75

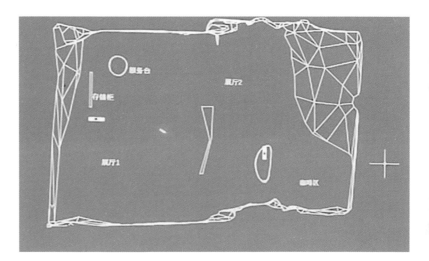

图 2.76

图 2.77

谢安童：这个形态的原型是一个浴球（图2.78），我想把它读解为一座图书馆。这是三层楼板的布置情况，其中有两个圆形中庭（图2.79）。由于形态的顶部比较封闭，我删除了一些三角面，这样光就能照进这座建筑里了（图2.80）。

这是以一把雨伞为原型得到的形态（图2.81），我想把它读解为一座高层办公楼，底部绕形态螺旋而上的肌理适合设计成旋转楼梯（图2.82）。

王老师：同学们注意，谢安童刚才讲到利用形的走势来做旋转楼梯，这是之前的同学们没有提到的，其实这也是我们需要读解的重点——去发掘形态成为建筑的一部分的可能性。

图2.78　　　　　　　　　　　　　　　　　　　　图2.79

图2.80

图2.81　　　　　　　　　　　　　　　　　　　　图2.82

2. 问题讲评

针对以上同学讲述过程中的问题，王老师做了集中概括，目的是矫正同学们在这一阶段以及下一阶段训练中的学习意识，点明同学们需要努力的方向。

王老师：看完了同学们读解的这些形态，感觉都很不错！大家对形态是不是已经不"害怕"了？参数化对你们来说还神秘吗？是不是已经不陌生了？同学们经过这一周的形态获取训练会发现，建筑形态原来可以这么轻易地获得，所谓高深、难懂的参数化设计数字建筑，在我们的这个训练中竟然可以如此轻松地做出来。如果按照我们传统的建筑方案设计流程，同学们这一周的训练相当于画草图阶段。形态的获取和读解需要同学们自由、大胆地去发挥想象，用一个词来形容就是"大处落笔"。而接下来同学们在这些形态中生成功能空间的时候，就需要精雕细琢，再用一个词形容便是"细心收拾"。要想让两者更加统一、和谐，需要一个较为长期的训练过程。

同学们在形态读解的过程中，应该让形态"说话"，让形态引导同学们的想象，而不是尝试自己往里面加造型。大家可以借鉴刚才谢安童同学的方法，根据形态去联想建筑功能空间，比如，刚才她把一个形态底部的弧形纹理想象成建筑的旋转楼梯。

同学们在课下的时候需要做一下建筑分类，按照使用功能分类，如观演建筑、展览建筑、医疗建筑、教育建筑等，然后看一下我们的这个"形态与观念赋予"训练适合哪一类建筑。同样，也可以看上一个"空间与观念赋予"训练适合哪一类建筑。

尺度问题是同学们在形态读解训练过程中暴露出来的突出问题，王老师就这一问题给出了有针对性的解决方法。

王老师：从今天同学们的成果来看，其中暴露的一个共性问题便是尺度。类似于王建翔同学读解的高铁站建筑的形态尺度是同学们应该敢于去想象的。以这个高铁站建筑形态为例，当你的想象力具备了这样的尺度，但是往里面置入高铁站功能的时候发现尺度出现了问题，怎么办？我教给同学们一个方法，就是去找一个实际高铁站的功能平面图，直接放进去，一点儿都不要改动。

为什么这样做？因为像高铁站这样复杂的建筑功能，经过了多少代建筑师的不断优化，已经体系化地固定下来了，全国高铁站的功能都差不多。所以，你需要让你的形态尺度去适应实际建筑功能的尺度。再比如，马司琪同学读解的剧场建筑形态，其内部有观演厅、服务用房、舞台等，但实际上她目前是没有这个能力去设计这些功能的。同样的方法，去找一个实际剧院的建筑平面图，把你的形态根据这个平面图的大小缩放，然后套上，就完成了。

建筑尺度的设置有很多种限制，除了设计者对建筑的理解，还有客观的人体工学和安全方面的要求，这些要求都是经过专业研究得出的具体数据。这也是我们在这个训练中要求同学们套用一个实际的建筑功能平面图的原因，因为这个实际的平面图是在满足相关尺度、规范要求的基础上设计出来的。这对同学们来说是一种学习复杂建筑设计的便捷的方法。

目前，功能空间与形态的融合是同学们在这一训练中最大的疑惑，也是最大的难点。王昀老师针对这一问题提出了巧妙、简洁的解决方法，同学们将在下一阶段的训练中重点学习、体会这一方法。

王老师：对于功能性问题的学习，我再告诉同学们一个方法，叫作"剪切法"。同学们平时注意收集建筑平面图，要那种带尺寸或者比例尺的平面图，然后用 CAD 把这些图描一遍，根据实际尺寸或比例放大，再去量一遍这些功能细部布置的尺寸，这样的话，同学们一方面掌握了这些具体构造、设施、家具等细节的画法，另一方面对这些细节的尺寸也有了具体的认识。如果从设计学习思维角度来看的话，这套剪切法是一种逆向思维的学习方法，是从整体到局部的认识过程。还有一种传统的正向学习方法，即从局部到整体的认识过程，同学们会在今后的学习中熟悉这种方法。

有关功能性的问题，还有一项重要内容，便是建筑规范。因为建筑师在做功能排布的时候，一方面要满足甲方的功能要求，另一方面还要符合建筑规范的标准，这是一个客观存在的矛盾。同学们在学习过程中如何才能尽快地解决这一矛盾呢？我建议同学们课下用剪切法整理实际建筑平面图的时候，一定要根据《建筑设计资料集》对平面里的楼梯宽度、数量、间距、踏步高度、扶手高度、出入口位置及数量等建筑组成部分逐一查询。这样以具体的建筑平面来对照《建筑设计资料集》的学习方式，有利于同学们对相关规范要求的记忆。在学习这些实际功能平面图的同时，还应该加强对这些平面图的读解，看它里面的功能流线如何组织，再结合自己在现实生活中的身体感知，将一个综合的功能空间赋予到我们的形态当中。否则，同学们会遇到一个很大的瓶颈——虽然同学们的造型能力提升了，但是如何在里面置入功能空间的问题难以得到解决。"形态与观念赋予"的训练就是要证明，传统教学观念认为的只有高年级同学才能驾驭的复杂的建筑设计，在一、二年级的训练中就能做到。按照从整体到局部的剪切法，完成这个挑战是没有任何问题的。

在前 4 周的方案练习中，每个同学按这种方法完成的两个复杂建筑功能的设计，是一个模仿的学习过程。后 4 周的方案设计就是让同学们以书吧这个小型建筑设计为对象，在获取的形态下进行自由发挥。这样两个阶段的训练，从整体来看是完整的。

表达空间氛围是展示形态读解结果的重要方面，是将形式之美上升为意境之美的条件，面对丰富的空间形态，传统图纸无法完整地表达相应的空间氛围，于是，王昀老师对同学们提出了动画展示的要求。

王老师：同学们在完成形态获取、建筑观念赋予之后，还有一个很重要的步骤——空间氛围表达。这个步骤可以通过传统方法来实现，如图纸，但是在我们这样丰富的形态下，图纸是很难完整地表达出设计的空间氛围的。因此，同学们需要学会用建筑动画来表现建筑空间氛围。用动画来表现空间氛围不是仅有一个简单的路径就可以的，而是需要配以能够烘托氛围的音效、光影、视角和空间转换节奏，这样才能把你的设计成果充分地展现出来（图 2.83）。这已经不是采用什么形式来表达的问题，而是要上升到艺术意象甚至意境的高度来表达的问题。

图 2.83

第三章

功能置入

本环节的训练重点是利用剪切法给模型赋予建筑功能，使其从雕塑形态转化为建筑形态。这一阶段教学训练的出发点是让同学们从高难度、整体性的"大处落笔"，以功能空间与形态空间的融合为主题。在该过程中，同学们由于刚接触这一训练方法，表现出了明显的"不适"，呈现的设计模型、图纸、动画暴露出了诸多问题。王昀老师对这些问题从原理、方法和操作层面进行了详细的说明和讲解。

1. 从雕塑到建筑

王昀老师针对前两周的训练成果，从 3D 打印的建筑模型入手，对同学们的建筑方案进行了讲评。这次讲评所指出的主要问题是，同学们对形态的认知依然处于"雕塑"观念中，还没有充分地将形态的"建筑感"发掘出来，获取的形态尚未展现出本应被赋予的"建筑之色"。而造成这一问题的原因在于，同学们没有打破形态的封闭表面，让形态所包裹的空间流通起来，因而形态的"建筑感"被压抑住了，得不到释放。这是同学们在后续训练中需要努力改进的地方。

王老师：首先看一下同学们的 3D 打印模型。大家看这个模型（图 3.1），从外观来看，它就是个雕塑，是没有空间的。但如果把它掰开，空间就露出来了。这一半的一个立面是横向分隔形式（图 3.2），另一个立面保持着雕塑的形式感（图 3.3），这种强烈的对比非常精彩。而另一半在这个基地环境里也是一座很精彩的建筑（图 3.4、图 3.5）。如果将这两部分在场地里这样分开放的话，会是一组很棒的建筑（图 3.6、图 3.7），但如果将它们合并起来，就会变成普通的雕塑了（图 3.8）。

同样的，如果把这个模型的一部分拿下来，放这儿来看，是不是也很精彩（图3.9）！为什么这个看起来很棒？因为它具有抽象的形式美。而这部分的问题就在于太具象了（图 3.10），怎么办？我建议再将它切两至三下，这样空间感和抽象性就出来了（图 3.11）。这个大模型还有个问题，就是内部空间的建筑层数太多，导致里面的空间被填实了。当人在这个建筑内部时，精彩的空间形态都被这些楼层给遮挡了（图 3.12）。这些楼层应该再切割掉一部分，

图 3.1

图 3.2

图 3.3

图 3.4

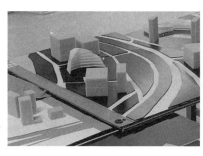

图 3.5

图 3.6

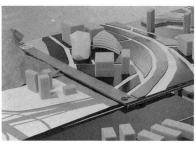

图 3.7

图 3.8

露出形态外壳与楼层的空间来，这样人在里面才能欣赏到内部的精彩空间。虽然你在这个建筑的各层设计了一个上下贯通的中庭，但问题是这个中庭没有能够让人欣赏到这座建筑内部空间的形态美。

这个建筑从模型来看也不错，但是这个形态表面处理得不够抽象，原型的形态太过明显（图3.13、图3.14）。因此，你需要在下一步的处理中，利用犀牛软件把这个模型表面的面数再减少，这样它的形态就会更加抽象。

这个建筑空间从模型来看还是不错的（图3.15）。但是模型的这个面有点实了（图3.16），应该让里面的空间露出来，变得通透些，让人能够走进去，

图 3.9

图 3.10

图 3.11

图 3.12

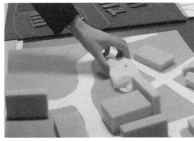
图 3.13

图 3.14

而另一个面有些琐碎（图 3.17）。

这个建筑模型从形态来看是很棒的（图 3.18），因为它的这几道缝隙把空间表现出来了。但是，有一个问题，这个面太实了（图 3.19），应该把它再切一下，让里面的空间能够透出来。

这个建筑模型的问题跟第一个同学的模型一样，形态表面太实了（图 3.20），空间没办法透出来，还只是个雕塑。用同样的方法，把它掰开，分成两个部分来看，这样每一部分都是一个不错的建筑形态。

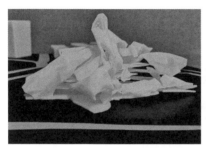

图 3.15

图 3.16

图 3.17

图 3.18

图 3.19

图 3.20

王老师： 这个形态模型也可以（图 3.21）。这个原型是什么？

崔薰尹： 原型是菜花根。

王老师： 这个建筑内部的功能空间还是跟第一个同学的问题相似，就是把这个形态下的空间填得太实了（图 3.22），没能展现丰富的空间形态。其实这个形态的一部分同样可以作为独立的建筑形态，这样内部楼层就能够露出来了，这样看是不是很不错（图 3.23）？如果把它横着放，从形态来看也蛮精彩的（图 3.24）。这个形态目前还有个问题是表面太封闭了，如果把表面局部打开，让空间透出来，这个形态就会从雕塑蜕变成建筑了（图 3.25）。雕塑和建筑之间就差一步，雕塑家眼中的形态就是雕塑，而建筑师眼中却能看到形态中蕴藏的空间，这一步之差就有着天壤之别。

图 3.21

图 3.22

图 3.23

图 3.24

图 3.25

王老师：这个建筑也不错（图 3.26），如果从这个侧面再切割一下，把模型的内部空间透出来，效果会更好（图 3.27）。

看了同学们的这些建筑模型，整体感觉不错。但其中暴露出来的最大问题是，同学们把这个形态当雕塑来看了。同学们在三维扫描形态之后，还需要在犀牛软件中对它们进行多种处理，如切削、抽象化，经过多种可行性的读解之后，才能使形态内部的空间透出来，让形态的雕塑感转变为建筑感。

这些模型暴露出来的另一个问题是比例太小了，导致形态的内部空间、表面细节都表现得不好，因此，建议同学们下次打印模型的时候把比例放大一点儿，这样的话效果会更好。

图 3.26

2. 形态之下

同学们展示了这一阶段建筑方案练习的图纸和动画。展示过程中所暴露出来的最大问题仍然是形态空间与功能空间形式不统一，即"表里不一"。王老师对每位同学的图纸进行了逐一讲评，指出其存在的突出问题，并提出了有针对性的修改建议。

图 3.27

黄俊峰：这是一座办公建筑的平面图，包括总平面图（图 3.28）、二层平面图（图 3.29）、三层平面图（图 3.30）、四层平面图（图 3.31）、五层平面图（图 3.32）、六层平面图（图 3.33）、七层平面图（图 3.34）、八层平面图（图 3.35）、九层平面图（图 3.36）、立面图（图 3.37）、剖面图（图 3.38）。我把这座建筑放在天津海河边上，建筑一层是综合大厅，二层到四层是办公空间，

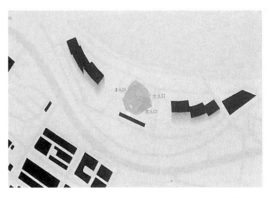

图 3.28

图 3.29、图 3.30

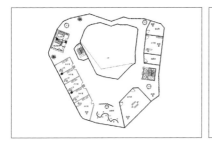 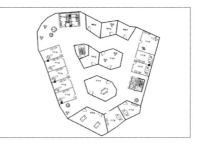

图 3.31、图 3.32

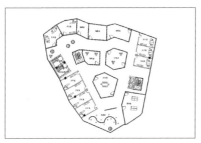 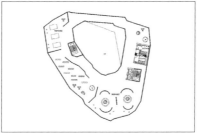

图 3.33、图 3.34

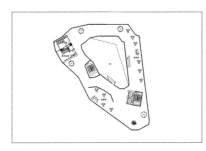 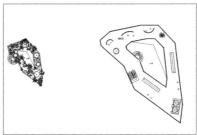

图 3.35、图 3.36

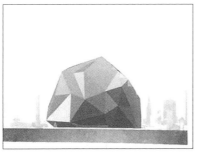 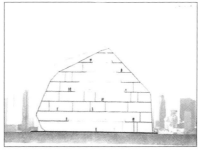

图 3.37、图 3.38

五层以休闲功能为主，六层、七层是休闲、健身空间，八层、九层是屋顶花园，建筑内部有两个大小不同、上下贯通的中庭。

王老师： 你的这个方案图，优点与缺点共存。你选的这个建筑环境很不错，从图纸反映出来的形态与空间效果来看，总平面图、立面图表达得也很不错，但是从各层平面图、剖面图反映出的空间形态来看，你还没掌握融合功能空间和形态的方法。这个建筑内部的功能平面的布置，客观地说是比较失败的，你把一个实际的建筑平面已经修改得失去其内在的关联逻辑了，比如，楼梯和电梯的位置、数量（图 3.39），以及走廊和门的宽度，你这一改就不符合建筑设计规范了。正确的方法是，你去描一个建筑平面图，把它直接装进形态里，不要对平面布置进行改动。如果要改的话，你可以把结构柱去掉（图中黑色方块表示柱子），因为在你的建筑形态里，这个建筑的结构形式是会发生变化的（图 3.40），将来由结构工程师来完成结构设计，因此这些原有的结构构造物是可以去掉的。再一个问题是平面图的图纸表达有些粗糙，这是不应该出现的问题。课下按照我所讲的修改一遍。

 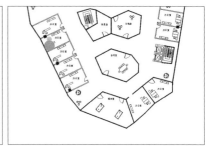

图 3.39 　　　　　　　　　　　　　　　　　　　　图 3.40

黄俊峰： 这是一个小型社区综合服务中心的建筑平面图（图 3.41）。平面图的中间位置布置花市，左上方布置早餐店，右上方布置小型超市，下方空间布置酒吧。

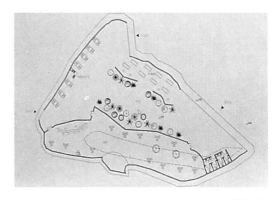

图 3.41

王老师： 看一下对应的建筑形态。这个形态还是很不错的，里面的空间可以透出来，看上去蛮有意思（图3.42）。这个建筑的平面图和对应的形态存在的主要问题还是功能空间和建筑形态没有融合在一起，表皮和内里是相互独立的。用什么方式把这个形态表达出来，是需要同学们课下努力练习的，要带着你的疑问去翻书，寻找表达这个形态空间的方式。这个形态仅仅是你们思考空间的"抓手"，同学们还需要去发掘如何将功能和形态融合起来，比如，门、窗、楼梯、坡道如何跟形态结合起来（图3.43）。在我们这个训练中，获取形态非常容易，但是要将它转化为建筑形态，让专业的人相信设计者在利用这个形态的时候并不是盲目地去做，绝非易事。

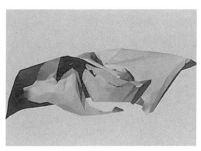

图 3.42、图 3.43

张树鑫： 这是一个小型博物馆建筑的一层平面图（图3.44），平面图下面是主入口，左上角是一个次入口。

王老师： 这个平面图是按照之前的要求描的实际博物馆的平面图吗？

张树鑫： 是的。下面这张是博物馆的二层平面图（图3.45）。

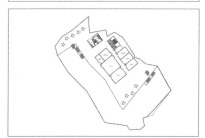

图 3.44、图 3.45

王老师：从平面图上看，家具图示明显不是你自己去描的，而是天正软件或CAD软件里的插件，这样不行，它们明显与你的建筑平面不统一。看一下建筑动画吧（图3.46~图3.49）。从建筑的内部场景来看，这个方案还是有趣味性的（图3.48），但是从二层内部场景来看，二层楼板将建筑形态下丰富的内部空间遮挡住了，前面讲到的内部空间的形态问题又一次暴露出来（图3.49）。整个动画做得不够好，有些粗糙。

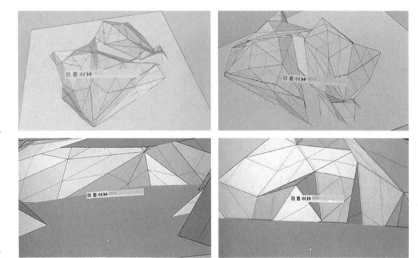

图 3.46、图 3.47

图 3.48、图 3.49

张树鑫：这是建筑剖面图（图3.50）。

王老师：这张图乍一看还不错，但是细看的话问题还是蛮多的。比如，地面线没画全，形态看线没画完整。还有一个明显的问题，图上二层楼板的左右两端直接撞到形态的内壁上，将形态下的竖向空间隔断了。

张树鑫：这是一张建筑效果图（图3.51）。

王老师：这张图从图面表达来看，由于这个建筑的尺度感没有表达清楚，造成了它与背景建筑的尺度不统一的问题。还有，从图上来看，这座建筑体现的是一种雕塑形态，它所具有的建筑形态没有得到表达。

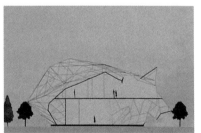

图 3.50、图 3.51

张树鑫：这是一建筑总平面图（图3.52）。

王老师：目前来看，这张总平面图相对好一点儿。

张树鑫：这是一座体育建筑的平面图（图3.53）。

王老师：从图面反映出的结果来看，这个圆形体育场馆的建筑平面图明显是通过描绘实际建筑得来的，你的这种训练姿态是正确的。但问题是你将这个圆形场馆的平面置入进来后，没有细心收拾。比如，圆形场馆周围的空间目前来看都填满了功能，形态下的精彩空间没有被展现出来。在这个功能空间置入的过程中，应该同时思考着上一阶段的读解过程，这才是细心收拾应有的姿态。比如，平面图上左上角的空间可以尝试作为上下贯通的入口门厅，这样既可以缓冲进出体育馆的大量人流，又可以让人欣赏到建筑形态下的丰富空间，实现形式与功能的完美结合。

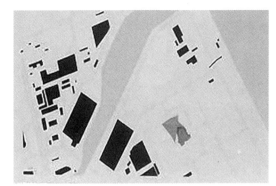

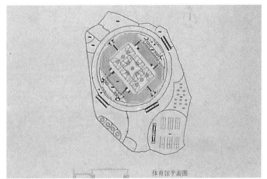

张树鑫：这是体育馆的剖面图（图3.54）。

王老师：从这个剖面图来看，体育馆的竖向高度过高，与场馆平面尺寸的比例不协调。

张树鑫：这是体育馆总平面图（图3.55）。

王老师：这张总平面图整体来看不错，但是建筑的周边场地缺少必要的设计。例如，体育馆周边的路和广场的形式可以根据建筑顶面肌理线的延长线来规划设计，这样建筑与场地形式能够实现较好的统一。

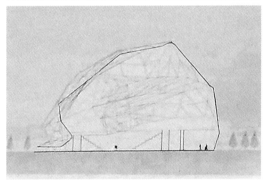

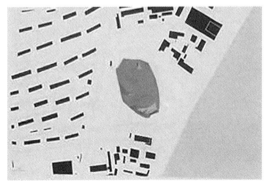

图3.52～图3.55

052

姜恬恬：这是一座图书馆，请大家看一下它的动画（图 3.56~图 3.61）。

王老师：不错。这是到目前为止我看到的唯一用动画展示的方案。同学们应该向这位同学学习，课下请教一下，一定要学会动画展示。从动画展示来看，建筑的功能空间和形态空间融合得还是不错的，但有两个明显的问题：一是图书馆的建筑尺度不对，从动画中可以看出尺度明显做小了，应该让它更高、更宽敞一些；二是建筑侧面的形态比较封闭，应该更通透一些，让里面的空间透出来（图 3.56）。

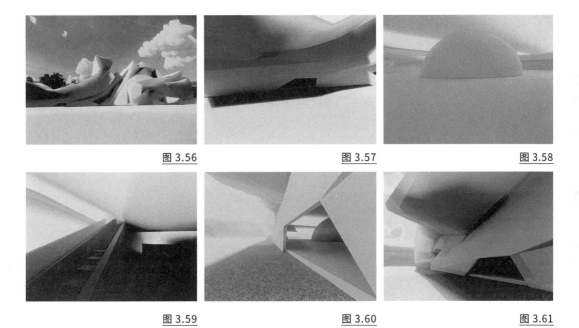

图 3.56　　　　　　　　　　图 3.57　　　　　　　　　　图 3.58

图 3.59　　　　　　　　　　图 3.60　　　　　　　　　　图 3.61

姜恬恬：这是图书馆的一个剖面图（图 3.62）。

王老师：这张剖面图反映出来的最大问题同样是尺度问题，从配景、人与建筑的比例关系可以看出，建筑尺度明显做小了。

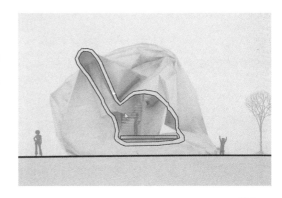

图 3.62

3. 问题浮现

看完同学们的方案成果后，笔者与王昀老师一起对其进行了点评，指出了其中存在的问题，并提出相应的解决方案和建议。

王老师： 看了同学们投影展示的方案成果，最明显的问题是缺少建筑动画，除了一位同学之外，其他同学都没有按照要求完成。另外，同学们在形态里置入功能空间的时候，没能将形态下丰富的空间趣味性体现出来。之所以让同学们在方案练习阶段做大、小两个方案，就是想让同学们去体会不同尺度下丰富的空间特质。再者，从置入的功能平面看，同学们没有按照之前的要求去完完整整地描一张实际建筑平面图，这需要同学们课下重新完成。

笔者： 在这一阶段暴露出来的问题，王老师前面已经讲评得非常细致、全面了，尤其是上周同学们感到比较困惑的功能空间与形态"碰撞"的操作手段的问题，王老师也已经详细地为同学们解惑了。虽然告诉了你们方法、原理，但关键还在于同学们课下自己去操作、体会，否则很难达到我们这个课题的训练目标。还有一个建议是，同学们在描实际建筑平面图的时候，一定要有立体空间的概念，这样把它置入形态内部时，会更加有利于功能空间与形态空间的融合。最后，同学们在表达融合之后的建筑平面图时，一定要把形态与功能的所有对应线画完整，如形态的看线、上部投影线等，这样建筑的空间才能在平面图上表达得更加清晰。

王老师： 刚才张老师（笔者）提到了"碰撞"的问题，其实我今天原本是想看一下同学们对这个训练的完成情况，但是有点遗憾，从刚才展示出来的方案中，我没有看到这个碰撞的结果。其实，我要看的功能空间和形态空间的碰撞成果，并不是一个完美的设计成果，而是有一点儿基础的碰撞结果，在这个基础上，我可以给大家提出修改建议。

目前，同学们在这个训练中暴露出来的最主要的问题还是建筑功能空间与形态空间融合的问题。再次强调一下，这个功能空间一定要来自实际建筑，因为体育馆、剧院、博物馆等建筑都有严格的功能和规范要求，而同学们目前还没有能力去独自完成这些复杂建筑的设计，所以我才要求同学们去描一个实际建筑平面图，然后将其置入到已获取的形态当中，让两者之间能够发生碰撞。碰撞的结果有两种：一种是功能空间的局部被撞出形态之外，在外观上形成偶然碰撞出的复合形态；另一种是形态空间内侧与功能空间碰撞后，超出形态之外的部分被去掉的结果。这两种结果需要同学们在犀牛软件中操作、尝试，在进一步读解中完成。

如何让同学们走出一条原创设计的道路来，这是我们这套教学方法的最终目的。目前，同学们做的这些设计都是原创的，是不同于其他任何一个人的设计作品。我在这里把原理跟大家说清楚，接下来还需要同学们课下努力在应用中去体会。

第四章

空间融合

继上一章的功能置入训练之后，本章呈现的是如何让同学们通过犀牛软件建模，并进行图纸表现、动画展示的操作，从而更好地理解外部形态与功能空间的融合这一学习难点。本章的内容主要包括寻求融合、动画演绎的现场讲评和训练总结三部分。

1. 寻求融合

在功能置入训练之后，同学们又针对外部形态与功能空间的进一步融合做了图纸练习。王昀老师对每个同学的方案图纸反映出来的问题都进行了细致、全面的点评，包括内外形态的融合、建筑技术规范、形式美学、图纸表达等诸多方面（图4.1）。

图 4.1

王老师：刚才大致看了一下同学们这次的方案图纸，感觉相比上周的训练结果有了很大的进步。我想在这儿说一下，学生时期的建筑方案并不是要拿去实际建造的，而是一个学习设计的过程。所谓学习就是把同学们之前没有掌握的知识通过劳动的过程转化为自己的知识。从建筑学专业的角度来讲，建筑都可以笼统地分为两个方面：一是形态问题，例如，这个形态可以被认为是一个雕塑，还可以被看成是一个烟灰缸、一颗宝石等（图 4.2、图 4.3），而一旦被赋予适合人体行为的空间后，它就具有了成为建筑形态的可能性，也就是你想设计成的城市地标建筑（图 4.4~图 4.12）；二是功能问题，这座建筑里面既有办

图 4.2、图 4.3

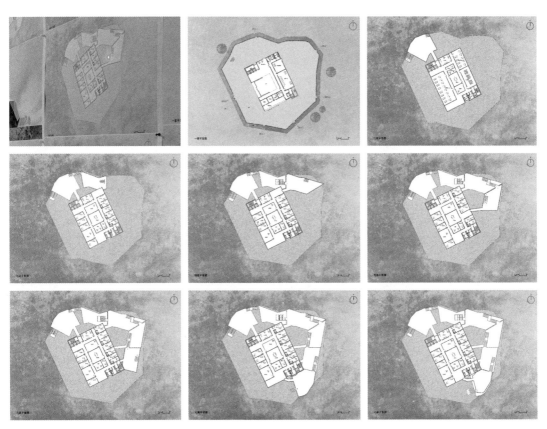

图 4.4 ～图 4.12

公功能，又有文化设施功能（平面图中矩形部分为办公功能，条状部分为文化设施功能），其实在办公功能的下部还可以加入一些画廊之类的功能（图4.13），这样的话，这个作为城市地标建筑的形态与它内部的功能才会更加匹配。

从建筑功能看，这位同学的确按照上节课的要求去做了，而且进步很大。但目前有个问题是，这个建筑形态有些封闭，办公空间的光照不满足要求，需要这位同学再完善一下（图4.14~图4.17）。我个人觉得，这个建筑功能平面与形态还不够匹配，同学们已经通过三维扫描获取了那么多形态，应该去尝试更多形态与这个功能平面匹配的可能性。在这个训练中，我们不是要求同学们就一个形态去精雕细琢，而是拿这个建筑的功能平面去寻找适合它的形态，这样可以训练同学们对各种自由形态读解的可能性。还有，我觉得这位同学找的这个功能平面本身的设计存在一些问题，所以同学们在选择实际建筑平面图的时候，还是需要斟酌的（图4.18）。

黄俊峰：这是一个艺术中心建筑方案（图4.19~图4.23）。

王老师：这个方案要比前面那个有意思，你的想象在方案里体现得更大胆，但是依然不够。比如，这个地下室太小了，目前地下空间的范围局限于建筑

图 4.13

图 4.14

图 4.15

图 4.16

图 4.17

图 4.18

内部，你可以把它的局部空间设计成下沉广场，让人可以从室外到这个广场上（图4.24），再从广场进入地下室，这样设计的话，这个地下室的可达性更强。对于地下室的设计，还有个方法，就是将这个形态沿地面镜像翻转，然后在这个翻转后的形态里读解空间，这样地下空间会更有意思。同学们需要记住，建筑是一门空间艺术，我认为在学校里，空间学习是最重要的，至于功能，是需要到设计院为甲方服务的实践中才能学会的。同学们目前所理解的功能并不是使用者的实际需要，因此，我认为在学校进行的部分功能学习过于抽象。

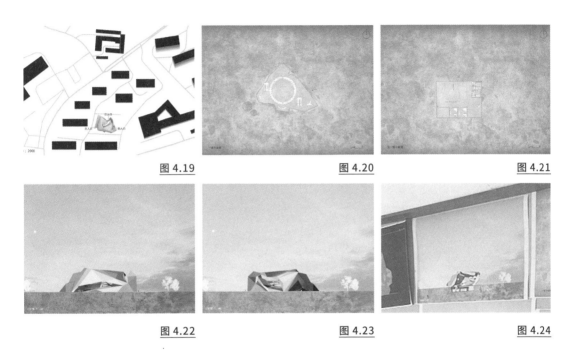

图 4.19　　　　　　　图 4.20　　　　　　　图 4.21

图 4.22　　　　　　　图 4.23　　　　　　　图 4.24

所以，我们这个方案练习是在没有设计任务书的情况下，通过描一个实际建筑的功能平面来进行功能练习（图4.25）。你的这个方案的另一个问题是，一层平面图里的楼梯设计得不够巧妙，尤其是建筑左右两边的双跑楼梯的形式跟整个建筑形态不协调（图4.20）。目前，这两个双跑楼梯并排放置，反映出你对这个问题思考不够，否则两个楼梯至少在方向上要有所变化。

图 4.25

王老师：这个建筑方案里的功能空间和建筑形态的融合有些问题。虽然你描的这个实际的建筑平面，跟这个形态空间直接碰撞是没有问题的，但是这个功能空间配不上你的这个形态空间（图4.26~图4.29）。这里不是批评这位同学做得不好，而是通过这个错误，让同学们意识到这个问题出在哪儿，这样接下来才能改进。

图 4.26

图 4.27

图 4.28

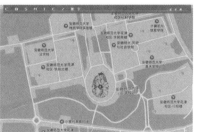

图 4.29

王老师：这个方案还是蛮有意思的（图4.30~图4.44）。从这张建筑平面图来看，功能空间与形态空间发生了"碰撞"这个动作，两者的融合也不错。从建筑形态来看，内部空间非常丰富，它的边缘可以再修剪一下，目前还是有些琐碎（图4.36）。建筑师的任务就是发挥想象力，创造丰富的建筑形态，让技术去实现我们的想象，这样才能推动建筑技术的发展，而不是反过来，让建筑形态去适应建筑技术。

图 4.30

图 4.31

图 4.32

图 4.33

图 4.34

图 4.35

图 4.36

图 4.37

图 4.38

图 4.39

图 4.40

图 4.41

图 4.42

图 4.43

图 4.44

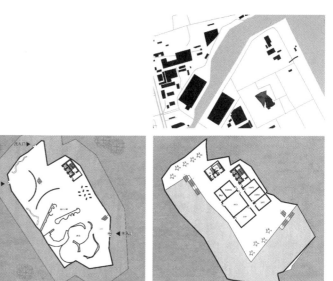

王老师：这个方案其实也不错（图4.45～图4.51）。从建筑平面图上看，功能空间跟形态空间的碰撞很明显，原有的功能空间被形态空间撞击后得到的空间是建筑师很难设计出来的偶然形式（图4.52），这种偶然形式将两者更好地融合在一起，不再是相互分裂的空间状态。另外，这个功能空间高低起伏、通过楼梯上下联系的状态也都是蛮有意思的。这个剖面图感觉稍微差了一点儿，比如，这个位置的楼梯建议从室外直接通到主体建筑的顶部（图4.53）。另外，图纸的排版依然存在问题，有些粗糙，不够讲究。图纸版面需要同学们去参考专门的排版书籍，包括图和字的大小、比例、位置关系，这些都是有讲究的，是需要通盘计算的。

王老师：这个方案没有练习"碰撞"这个动作（图4.54、图4.55）。从平面图上看，这个功能空间是直接嵌套到这个形态空间内的，功能空间和形态空间

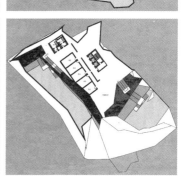

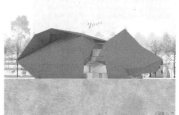

图 4.45～图 4.51

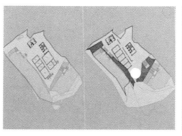

图 4.52、图 4.53

没有发生碰撞，两者还是处于各自独立的状态，没能融合在一起。但是从上一个方案的平面图来看，这种碰撞是明显的，比如，这个位置就是碰撞后呈现出来的状态（图4.56）。

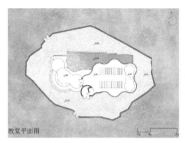

图 4.54

图 4.55

图 4.56

王老师：这是个剧场建筑方案吧（图4.57~图4.64）？这张图上的这条曲线是你自己后加的吗（图4.65）？

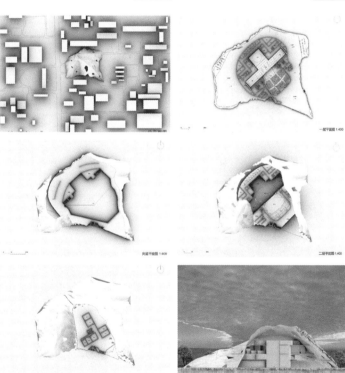

图 4.57 ～ 图 4.64

马司琪：这个是原来剧场
设计功能空间的轮廓线。

王老师：明白了。从这张
立面图上看，这个建筑侧
面应该没有封上，建议用
玻璃幕墙封上（图4.66）。

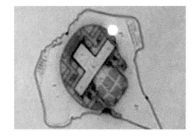 

图 4.65　　　　　　　　　　　　　　　　　　　　　图 4.66

王老师：这个茶馆建筑方案（图4.67~图4.72）的巧妙之处在于在建筑形态
的外边缘加了一圈坡道（图4.68~图4.70）。从空间形态来讲，我建议将一
层架空，作为公共空间，把主要功能放在二层，因为一层空间被填得太实了（图
4.68）。相比于你的上一个方案（图4.57~图4.66），这个方案虽然在形态上
更丰富，但是在功能空间和形态空间的融合方面要差很多，需要你课后去改进。

刘哲淇：这两个方案分别是海上歌剧院（图4.73~图4.79）和海岸酒店（图4.80~
图4.87）。

王老师：虽然这两个方案从功能上看有所不同，但是从建筑形态来看并没有

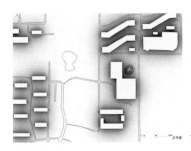  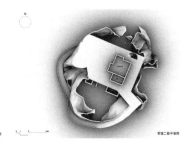

图 4.67　　　　　　　　　　　图 4.68　　　　　　　　　　　图 4.69

图 4.70　　　　　　　　　　　图 4.71　　　　　　　　　　　图 4.72

拉开差距。这个海岸酒店的功能空间太"强势"了，在体量上跟外面的建筑形态相当，而且两者之间没有发生碰撞，这就造成两者之间产生了形式上的冲突，缺少融合。而海上歌剧院从功能空间和形态空间的融合来看要比海岸酒店好很多，但是这个圆形功能空间与形态的冲突还是有点大（图 4.88）。我上次跟你说过，要让几何形式感较强的功能空间与不规则的形态空间发生碰撞，这样的话两者才能更好地融合。另外，海岸酒店的功能平面没有按照要求去描一个实际建筑平面图，目前来看还是有一些问题，比如，这个功能平面的尺度跟外面这个建筑形态的尺度不协调，功能平面的尺度比例明显小了（图 4.74、图 4.75）。

王老师：这个是哪位同学的方案？

图 4.73

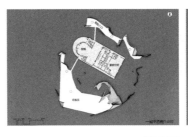

图 4.74

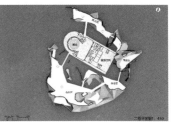

图 4.75

图 4.76

图 4.77

图 4.78

图 4.79

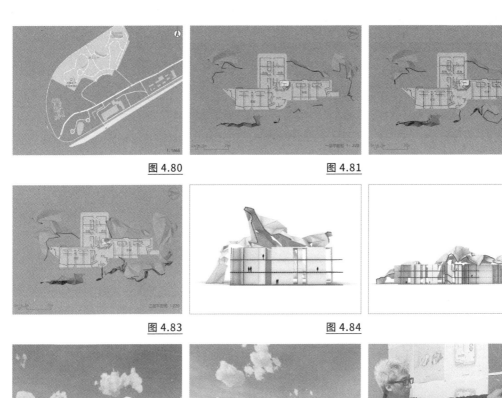

图 4.80　　　　　　　　　　　图 4.81　　　　　　　　　　　图 4.82

图 4.83　　　　　　　　　　　图 4.84　　　　　　　　　　　图 4.85

图 4.86　　　　　　　　　　　图 4.87　　　　　　　　　　　图 4.88

崔薰尹：这是我的一个咖啡馆建筑的方案（图 4.89~图 4.99）。

王老师：这个功能平面是描的实际建筑平面还是自己做的（图 4.90、图 4.91）？

崔薰尹：这个功能平面是根据一个几何形式的实际功能平面修改得到的。

王老师：这个方案做得还是不错的，从图上反映出来的姿态是对的，功能空间和形态空间融合得也不错。

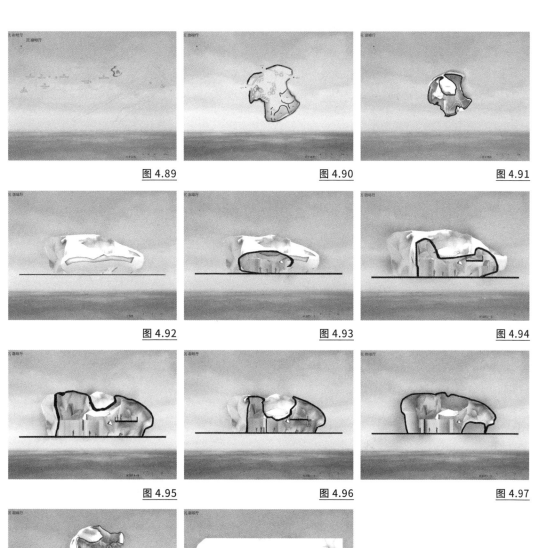

图 4.89 　　　　　　　　　　　图 4.90 　　　　　　　　　　　图 4.91

图 4.92 　　　　　　　　　　　图 4.93 　　　　　　　　　　　图 4.94

图 4.95 　　　　　　　　　　　图 4.96 　　　　　　　　　　　图 4.97

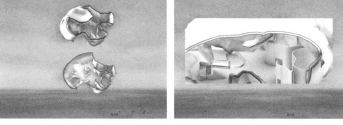

图 4.98 　　　　　　　　　　　图 4.99

崔薰尹：这是个美术馆的设计方案（图 4.100~图 4.111）。

王老师：这个方案还可以，无论外部建筑形态，还是内部空间都比较丰富。你的这个方案有意思的地方在于利用坡道将室内外空间联系了起来。但是功能空间和形态空间的碰撞还是不明显，目前来看，两者融合得还不够。

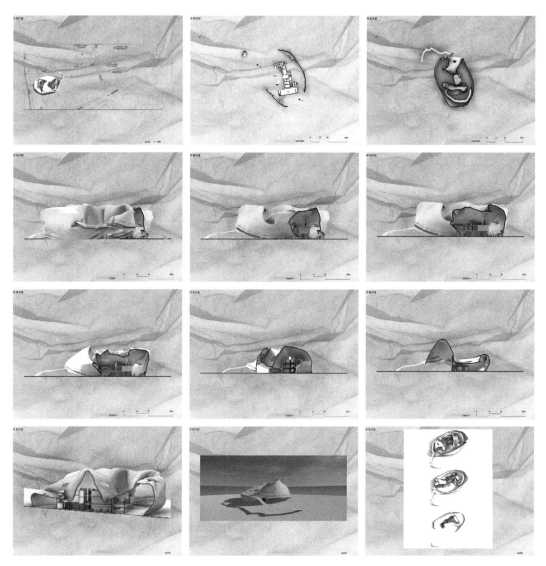

图 4.100 ~图 4.111

姜恬恬：这是我的博物馆设计方案（图 4.112~图 4.124）和咖啡屋设计方案（图 4.125~图 4.141）。

济南历史博物馆

图 4.112

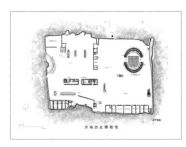

图 4.113

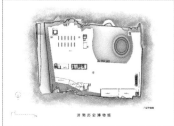

图 4.114

图 4.115

图 4.116

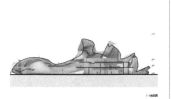

图 4.117

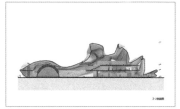

图 4.118

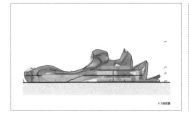

图 4.119

图 4.120

图 4.121

图 4.122

图 4.123

图 4.124

王老师：这个博物馆方案与上周的相比明显进步很大，这次的建筑尺度是对的，功能空间和形态空间碰撞后融合的效果也不错（图 4.126）。从咖啡馆建筑方案可以看出你对形态的读解是十分用心的，姿态对了，图面呈现出来的空间和形态效果就会很精彩。这两个方案的效果图有个共同的缺点，就是背景的蓝天上都有云朵（图 4.123、图 4.139），这些云朵与建筑放在一起产生的问题是，建筑尺度变小了，因此，我建议在背景设置时去掉云朵。

船上咖啡屋

图 4.125

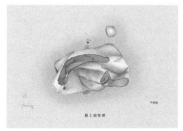

图 4.126

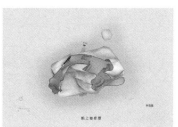

图 4.127

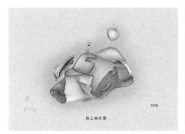

图 4.128

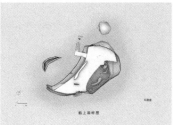

图 4.129

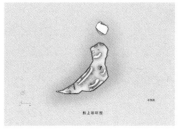

图 4.130

图 4.131   图 4.132

图 4.133   图 4.134   图 4.135

图 4.136   图 4.137   图 4.138

图 4.139   图 4.140   图 4.141

王老师：这是个火车站的建筑方案吗?

王建翔：是的。

王老师：就这个建筑的平面图和剖面图来说，根据建筑平面图上的比例尺，这座火车站的空间尺度应该非常大，但是剖面图上的空间尺度并不宽敞（图4.142、图4.143）。

这个平面图的表达方式有些粗糙，比如，图上切到墙线的部分都用单线表示，这种表达方式不仅把空间感削弱了，更重要的是跟你的模型对不上。另外，你画的是功能分区图，而不是建筑平面图，这种用色块区分功能的表达方式不适合建筑平面图，因为建筑平面图是一种二维向度的空间表达，而功能分区图更多的是使用观念的划分（图4.144）。

这个展览馆建筑和火车站建筑在空间操作上都没有使功能空间与形态空间发

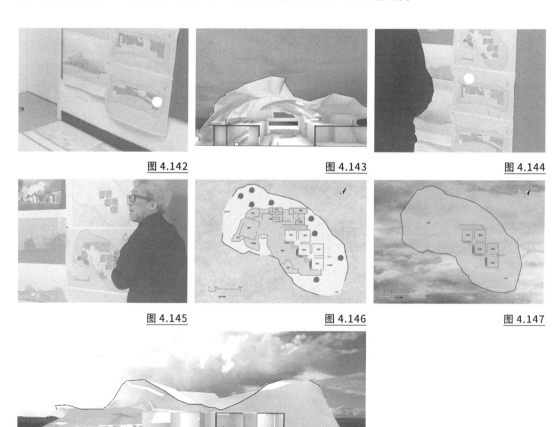

图 4.142 　　　　　　　　图 4.143 　　　　　　　　图 4.144

图 4.145 　　　　　　　　图 4.146 　　　　　　　　图 4.147

图 4.148

生碰撞，都是大的形态空间下套着功能空间，这样两者就还是相对独立的状态，没有实现很好的融合（图 4.145～图 4.148）。从建筑效果图上看，建筑形态还是不错的，但是图上的背景和配景的问题是太具象了，与比较抽象的主体建筑的表达效果不统一（图 4.149～图 4.151）。你可以找一些好的图纸表达的案例去模仿，这样对你的图纸表达会有帮助。

图 4.149　　　　　　　　图 4.150　　　　　　　　图 4.151

张琦：这是小型展览馆和咖啡厅的建筑方案（图 4.152）。

王老师：这两个建筑方案从建筑形态来看还不错，但是功能空间和形态空间两者融合得不够，没有发生碰撞，都是在功能空间外套了一个大的形态外壳，两者的比例、尺度存在较大差异。再者，这个展览馆内部有三层功能空间，

图 4.152

但是仅有电梯将上下连通，没有疏散用的楼梯，这是不符合规范的（图4.153~图4.158）。这个咖啡厅方案，你只做了一层，这样竖向空间的丰富性就得不到练习。另外，这个空间的竖向尺度太大，应该适当地调低（图4.159~图4.162）。

2. 动画演绎

在"形态与观念赋予"的训练中，由于形态和空间的丰富性、复杂性，传统的图纸已不能将建筑方案完整地表达出来，而手工模型也由于制作难度的限制，无法进一步呈现建筑方案的表达需求。因此，为了更完整、生动地表达建筑方案的诸多要素，王昀老师要求同学们用建筑动画来表达自己的建筑方案。通过动画，同学们将自己的建筑方案展示得更加充分，尤其是内部空间。

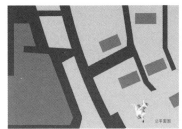

图 4.153

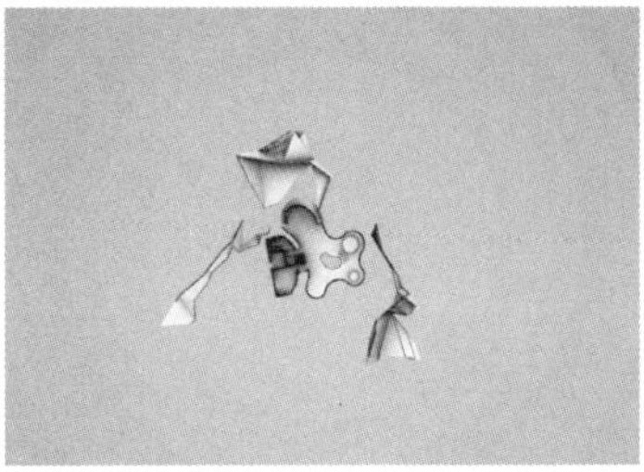

图 4.154

图 4.155

图 4.156

图 4.157

图 4.158

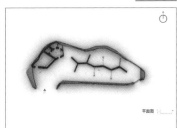

图 4.159

图 4.160

图 4.161

图 4.162

王昀老师对这些动画展示进行了细致的讲评，并提出了相应的修改和完善建议。

王老师：我看了你的这个办公楼方案的动画，发现这座建筑形态下的空间不适合做办公功能，而更适合做博物馆功能（图 4.163）。建筑内部层层跌落的平台形成的空间效果不错，但问题是办公功能的空间太封闭了（图 4.164、图 4.165）。

王老师：你这个艺术中心方案通过动画展示出的形态和内部空间很好（图 4.166~图 4.169），但有个比较明显的问题，地面材质尺度太大，导致这个建筑模型的尺度过小，这需要你课下去修改（图 4.166）。还有个问题是，地下空间做得太封闭了，没有跟一层、室外部分形成连续性的空间（图 4.169）。

目前看的这两个动画，整体姿态是对的，但是每个方案动画都缺少片头和片尾，主体建筑形态和空间的展示不够完整，需要同学们接下来去修改完善。

图 4.163

图 4.164

图 4.165

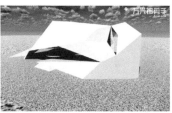

图 4.166

图 4.167

图 4.168

图 4.169

王老师：这个海上歌剧院从形态上看比较丰富，尤其是剧场周边的环绕空间很不错（图4.170~图4.172），但是模型中显示的圆形剧场的形态跟整个外部建筑的形态还是不够统一（图4.170、图4.171）。你的建筑动画还存在一个问题，就是画面节奏与配乐不匹配，配乐是为了烘托空间氛围的，这需要你接下来去改进。歌剧院核心的剧场空间的模型没有建完整，比如，观众席的抬升部分、剧场顶棚等都没有表达出来（图4.173）。

王老师：这个海岸酒店方案不错，但内部功能空间的体量太大，跟建筑自由的形态不协调（图4.174~图4.177）。我建议让三层功能空间随着外部形态由中间向两侧自由跌落，这样功能空间与外部形态会更统一（图4.174、图4.175）。还有个问题，目前功能空间的建筑层高有点高，应当适当地降低一些。对于这个形态，你还可以把其内部功能空间读解为海边

图4.170

图4.171

图4.172

图4.173

图4.174

图4.175

图4.176

图4.177

咖啡厅、图书馆等，去尝试更多不同的可能性。目前，同学们对建筑的理解还是停留在如何在现实中建造起来的层面，其实不然，建筑师不一定要去设计一座现实中的建筑，还可以设计未来的建筑。虽然这座建筑不一定能够立刻建造出来，但需要建筑师能够想象得到。

王老师：建筑内部的造型一定也要是从形态中得来的。这个建筑内部空间里的圆柱状造型和外部形态就不够统一，其实你可以根据形态的局部造型去设计这部分（图 4.178、图 4.179）。

这座展览馆的空间还是蛮有意思的，空间在竖向、横向上的连续性都有了（图 4.180、图 4.181）。但是动画的剪辑还有问题，没有片头、片尾，而且片长也太短了。

这个建筑动画中比较明显的问题是材质过于具象，包括建筑表面、地面及山的纹理（图 4.182、图 4.183）。同学们在学校里学习建筑设计的时候，一定要敢于去想象，先不要考虑实际建造的问题，假如在学校里想象力还得不到锻炼的话，那么将来到了社会实践中，想象的机会就更少了。所以，同学们在这个训练中，先不要考虑具象，不要考虑折中，而要努力地去发挥自己的想象力。

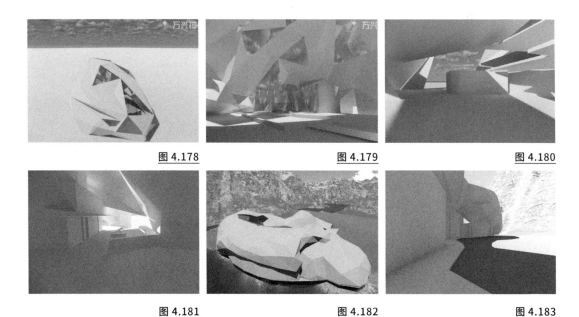

图 4.178　　　　　　　　　　图 4.179　　　　　　　　　　图 4.180

图 4.181　　　　　　　　　　图 4.182　　　　　　　　　　图 4.183

王老师：这个博物馆建筑方案从动画展示来看还是不错的，尤其是内部功能空间和外部形态融合了起来，内部空间也具有了趣味性和丰富性（图4.184）。目前存在的一个小的问题是，建筑模型里的楼梯扶手都没有建完整，希望这位同学课下去完善（图4.185）。

这个咖啡屋方案动画的问题跟你的博物馆方案相似，都是楼梯扶手的问题（图4.186、图4.187）。另外，我发现同学们在动画中存在的共同问题是，对空间氛围的烘托缺乏艺术性，这反映在建筑的周边环境、配景、配乐等方面，希望同学们课下看一些近现代艺术史方面的知识。

这个剧院建筑在动画中暴露的问题有两个：一个是剧场的观众席没有表达出来；二是剧院建筑与周边环境的尺度不符，从动画场景来看，剧院的建筑尺度太小了（图4.188）。

从这个茶馆建筑动画可以看出，建筑形态的问题是一层空间太封闭了，建议将一层作为公共开放空间，全部敞开，这样建筑形态会更轻盈，空间感更强（图4.189）。

王老师：这座咖啡厅的功能空间和形态空间融合得蛮不错的，功能空间的形式跟形态空间较为统一，内部空间也具有趣味性和丰富性，但有些小的问题，

图 4.184

图 4.185

图 4.186

图 4.187

图 4.188

图 4.189

如楼梯扶手还没建好（图 4.190～图 4.193）。

这座展览馆很棒，尤其是利用坡道将室内外空间连通起来，增加了空间的趣味性（图 4.194～图 4.196）。但比较明显的问题是与你的咖啡厅建筑一样的楼梯问题，应该把坡道的栏板做起来。

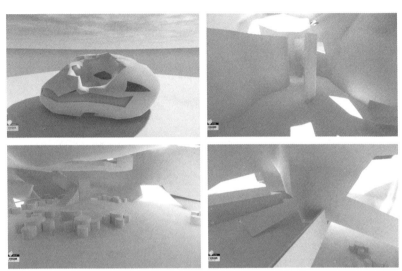

图 4.190 ～图 4.193

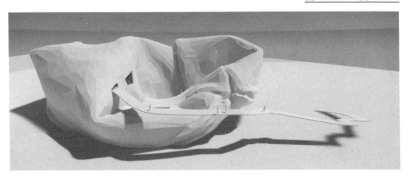

图 4.194

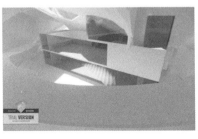

图 4.195

图 4.196

王老师：通过动画来看，这座展览馆的整个外部形态很有建筑感（图 4.197~图 4.200），但是外部形态与内部功能空间的形式不够统一，前者是不规则的折面形态，后者却是平滑的流线型。两者的体积比例也存在问题，前者的体量明显比后者大很多，这就导致两者不能融合（图 4.197、图 4.198）。

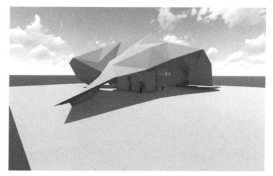

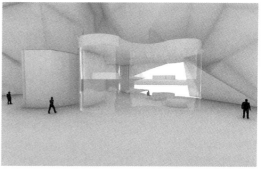

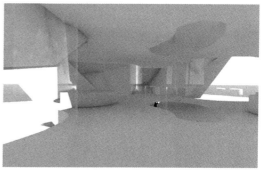

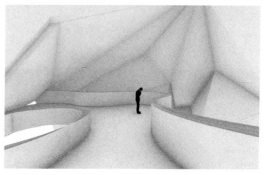

图 4.197 ～图 4.200

3. 阶段回应

王昀老师认为，从空间融合的练习成果来看，同学们在形态与功能空间融合方面的学习有了明显的进步，因此这一阶段的训练是较为成功的。随着训练的深入，同学们对自由形态的读解能力有了显著提高。在丰富的形态的带动下，同学们关于几何性的建筑形态的固有观念逐渐得到了解放，自由的建筑形态与空间开始逐渐深入到同学们的建筑观念当中。但不可否认的是，因为每位同学在各方面的能力不同（包括软件使用、空间认知、美学素养等方面），所以这一阶段的方案练习成果（包括图纸、动画两方面的成果表达）参差不齐，其中两位同学的练习成果相对较弱。至于在接下来的训练中，同学们能否取得进一步的突破，我们将在后面的"方案设计"阶段进行验证。

4. 方案练习成果

每位同学在为期 4 周的建筑形态训练中完成了两个练习层面的建筑设计方案。以下是参与本次教学训练的 2018 级 ADA 建筑实验班的部分建筑设计方案练习成果，供读者评阅。

马司琪同学剧院建筑设计方案

1-1剖面图   2-2剖面图

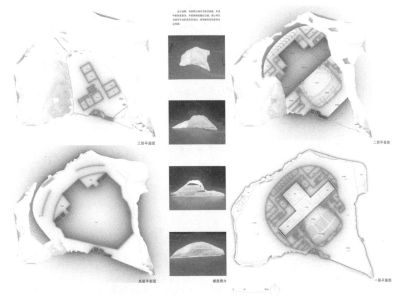

设计说明：本案因地处偏远为避空旷地，将项
中部的楼梯改造成观演化场地，并以重叠
动造空间透明的视觉表现方式，使观演和活动有机联
系起来。

三层平面图   二层平面图

夹层平面图   模型照片   一层平面图

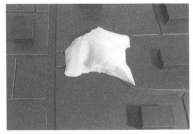

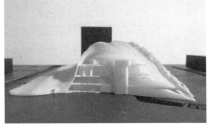

王建翔同学河滨美术馆建筑设计方案

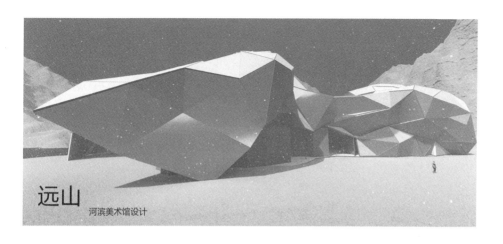

远山

河滨美术馆设计

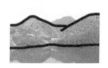

此美术馆方案从河流旁的山脉形状中获得灵感，并结合自然形态设计外形。同时在设计完成后，将建筑又安放在依山傍水处，与其身后的河流、山脉相得益彰，意图回归自然，将这座美术馆作为崇山峻岭中的一份子，美术馆中的艺术作品灵感来自自然，也终将回归自然。

剖透视图2-2

剖透视图1-1

剖透视图3-3

透视图一

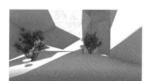

透视图二

透视图三

透视图四

游览者

工作人员

流线分析

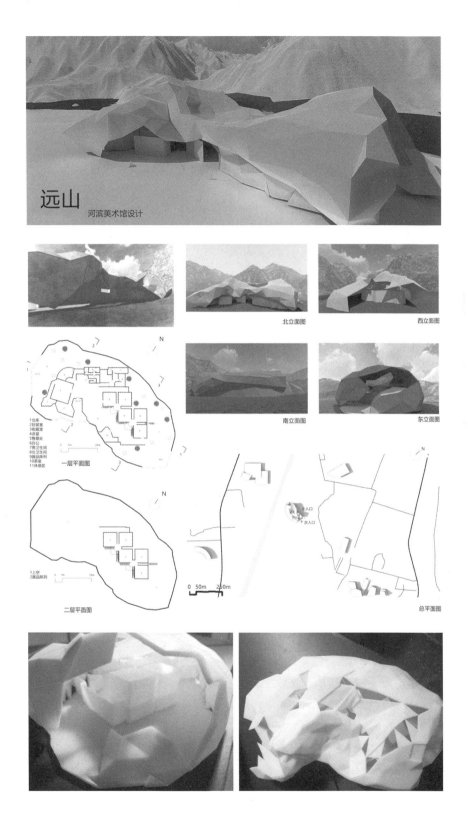

远山
河滨美术馆设计

北立面图

西立面图

南立面图

东立面图

1仓库
2封装室
3收藏室
4讲堂
5售票处
6办公
7男卫生间
8女卫生间
9展品陈列
10茶室
11休息区

一层平面图

1上空
2展品陈列

二层平面图

总平面图

0 50m 250m

蔓引株连 ——流动之光 海岸酒店　　The Light Of The Flow

方案生成　　空间变化　　　　　　　　光影变化

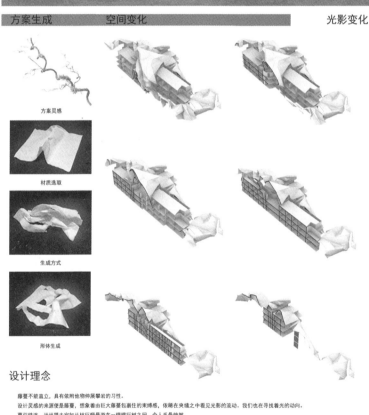

方案灵感

材质选取

生成方式

形体生成

设计理念

藤蔓不能直立，具有依附他物伸展攀岩的习性。

设计灵感的来源便是藤蔓，想象着由巨大藤蔓包裹住的束缚感，依稀在夹缝之中看见光影的流动。我们也在寻找着光的动向。

蔓引株连，这远望去宛如丛林巨蟒悬游在一棵棵巨树之间，令人毛骨悚然。

在这样的建筑中我们会寻找什么？别环人插住双眼的时候我们会惊慌失措，拼命地挣扎着，从手指间隙中看见些许的光也能带给我们希望。

我想做的就是这种带来希望之光的建筑，类似于藤蔓巨蟒曲折的躯体，在这些弯弯曲曲的墙体里寻找光芒。

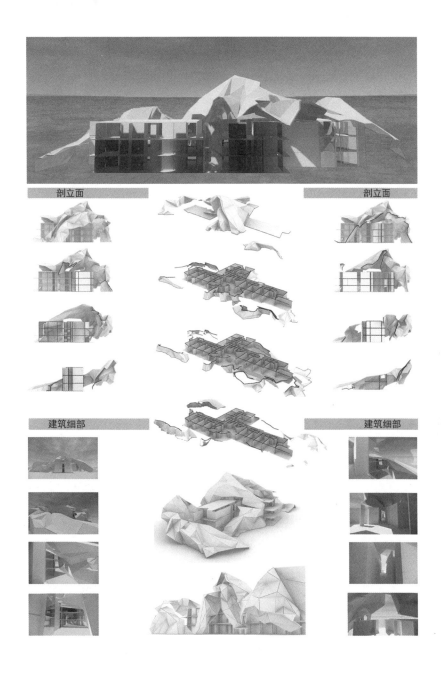

剖立面　　　　　　　　　　　　　　　　　　　剖立面

建筑细部　　　　　　　　　　　　　　　　　　建筑细部

黄俊峰同学艺术中心建筑设计方案

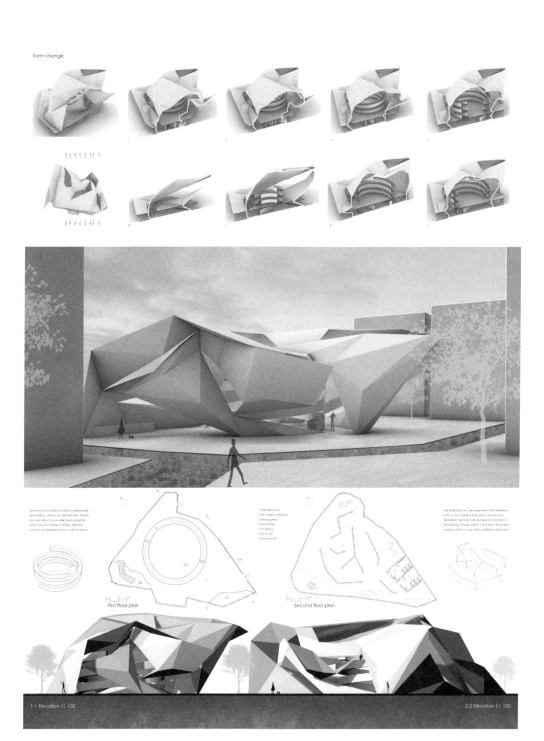

General layout

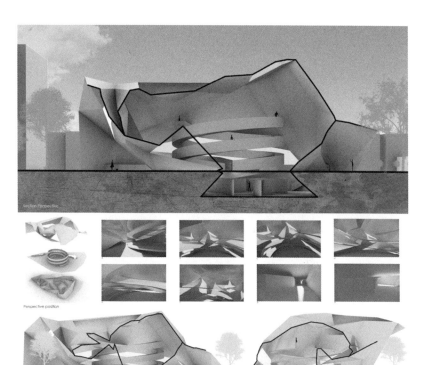

Section Perspective

Perspective position

A-A Profile 1:150

B-B Profile 1:150

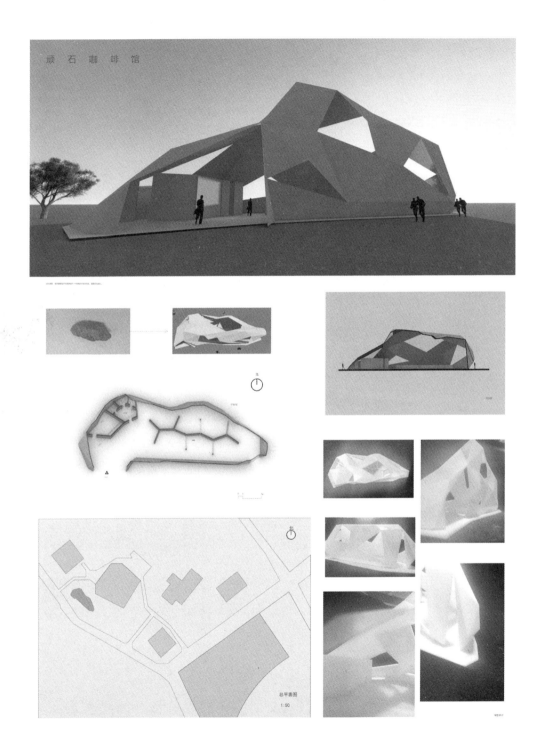

顽石咖啡馆

石语庭间——展馆设计Ⅰ

平面图

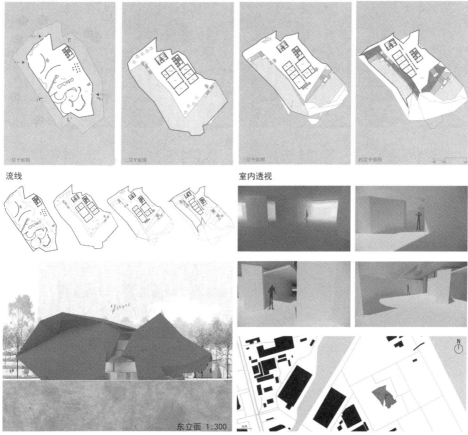

流线　　　　　　　　　　室内透视

东立面 1:300

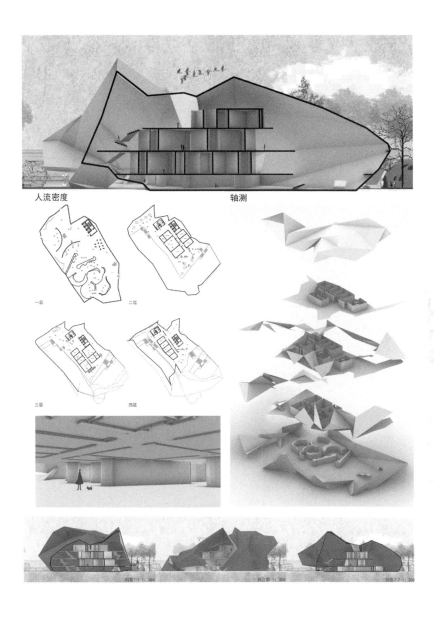

人流密度 轴测

一层 二层

三层 四层

剖面1-1 1：350 西立面 1：350 剖面2-2 1：350

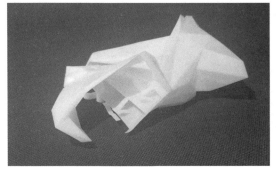

姜恬恬同学历史博物馆建筑设计方案

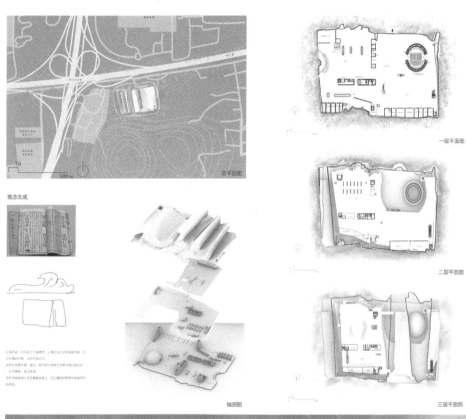

总平面图

概念生成

轴测图

一层平面图

二层平面图

三层平面图

效果图

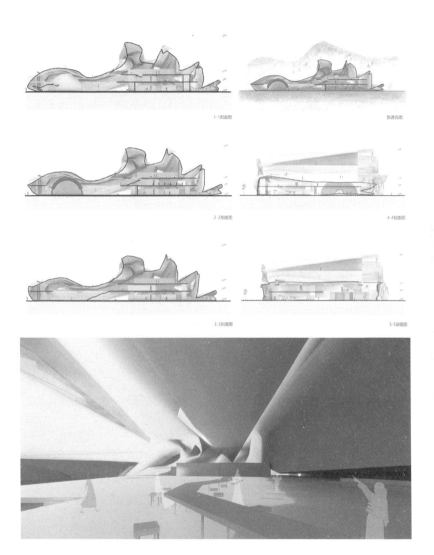

1-1剖面图

剖透视图

2-2剖面图

4-4剖面图

3-3剖面图

5-5剖面图

崔薰尹同学美术馆建筑设计方案

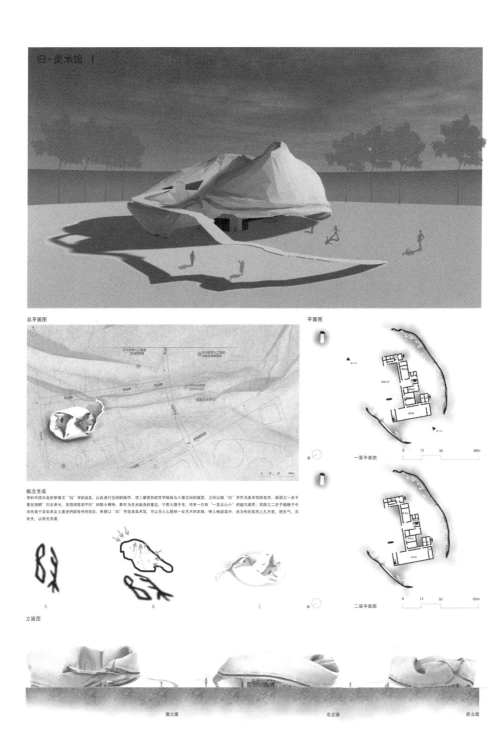

归·美术馆 I

总平面图

平面图

一层平面图

0 15 30 60m

二层平面图

0 15 30 60m

概念生成

受到中国古老的甲骨文"归"字的启发，以此进行空间的操作，使二维图形的文字转换为三维空间的模型，之所以取"归"字作为美术馆的名字，原因之一在于意在指明"归去来兮，田园将芜胡不归"的隐士精神，象征为艺术献身的意志，宁愿大隐于市，持有一日有"一览众山小"的超凡境界；原因之二在于植根于中华民族千百年来安土重迁的固有传统观念，希望以"归"字命名美术馆，可以为人心提供一处艺术的家园，使人畅游其中，成为持扶摇而上九万里，绝尘气，负青天，以游无穷者。

A   B   C

立面图

南立面   北立面   西立面

098

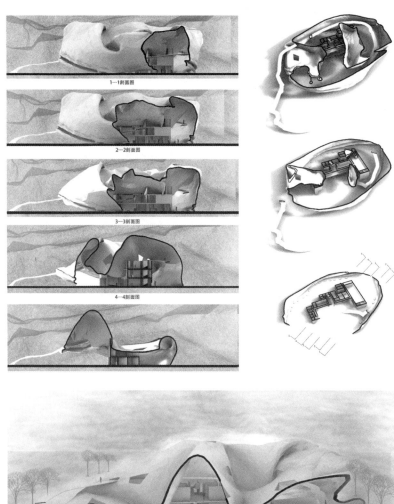

1—1剖面图

2—2剖面图

3—3剖面图

4—4剖面图

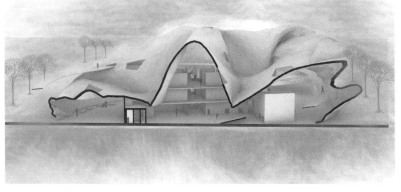

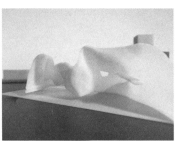

折纸咖啡 I

打开是包子奶油酱 有人却等待闲游有一杯香火 就没有力量研究望拢平 那就折成飞翔 释出飞翔的样子

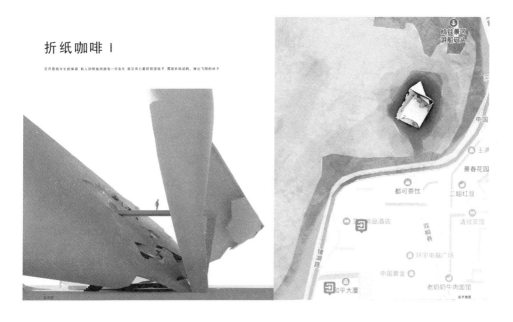

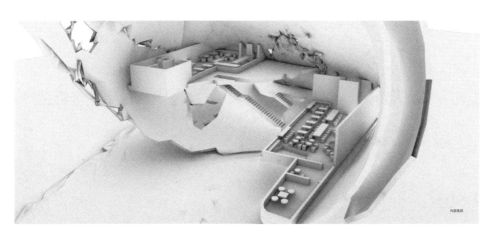

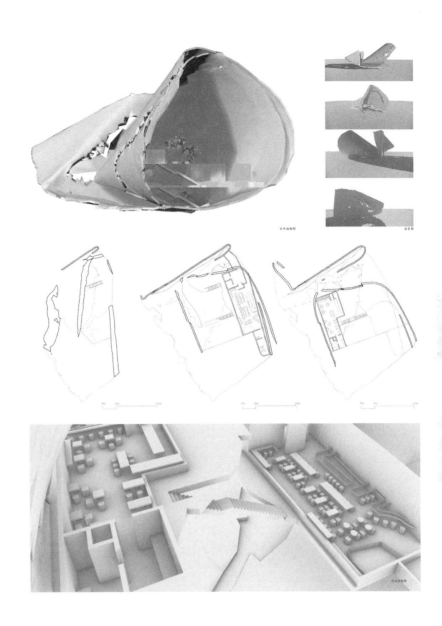

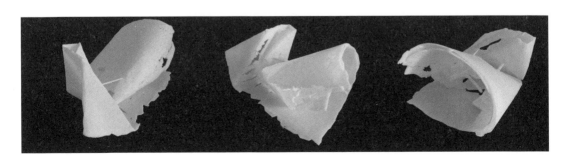

第五章

方案设计

在以功能置入与空间融合为主的方案练习告一段落后，"形态与观念赋予"的训练进阶到方案设计阶段，以"方案设计"代替"方案练习"。这一阶段是为了训练同学们在有场地条件的限制下进行自由形态的适应性调整，是整个课程的拓展性提升训练。在此阶段，同学们需要按照"临水书吧设计任务书"给出的两个不同场地进行书吧建筑设计，每位同学按照要求完成两个不同的设计。本章将展示的主要内容是同学们利用一周的时间所做的初步方案设计（以动画、图纸展示为主）和王昀老师对这些方案的细致讲评。

1. 空间演绎

方案设计训练是要求同学们在获取的形态下进行"书吧功能"的读解，并在此基础上根据建筑红线对形态进行"切削"训练，与此同时，继续进行"空间融合"阶段涉及的"碰撞""退让"训练。

姜恬恬：这是长方形用地的书吧设计方案，先请老师看一下方案的动画（图5.1~图5.6）。再请老师看一下方案设计图纸，这是一层建筑平面图（图5.7）。

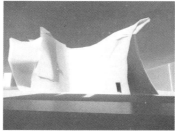

图 5.1 ～图 5.3

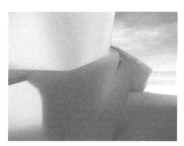

图 5.4 ～图 5.6

王老师：卫生间是在这个位置吗（图5.7）？

姜恬恬：是的，为了充分利用空间，我利用直跑楼梯下的空间做卫生间。

王老师：我建议你把书吧放在一层空间，把包括卫生间在内的功能性服务空间放到地下一层，完全没有必要因为一个卫生间把一层空间的丰富性和连续性牺牲掉。比如，卫生间可以放在一层平面图左侧通往地下一层的楼梯下。再者，这个卫生间对应的楼梯设置在这里也不太巧妙，因为它把这个连通空间的通道堵住了。这条缝隙多宽？人可以通过吗（图5.8）？

姜恬恬：这个狭窄的通道大概0.6m宽，人可以通过。

王老师：如此狭窄的通道，如果想让人体验一下峡谷似的空间感也是不错的。但是一层平面图左侧的这个空间不能作为公共空间，否则是不符合建筑规范的。你需要设计地下一层空间，然后在建筑红线范围内设计出通往地下一层的外部下沉庭院，比如，可以在一层建筑平面图的下部设计一个下沉庭院（图5.9）。外面的顾客可以从城市公共空间通过下沉庭院直接进入地下一层空间，这样人们在这座小型书吧中的空间体验感会大大提升。

姜恬恬：这是二层建筑平面图（图5.10）。

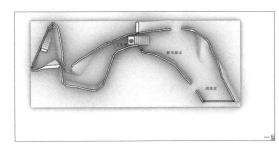

图 5.7

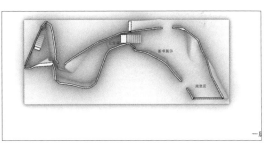

图 5.8

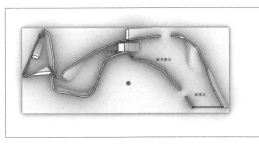

图 5.9

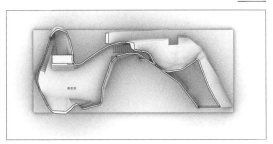

图 5.10

王老师：二层平面图右侧的这个位置是连通一、二层的共享空间吗（图5.11）？

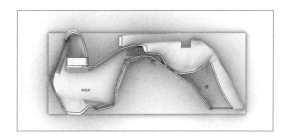

图 5.11

姜恬恬：是的。这是二层上面的夹层平面图（图5.12）。

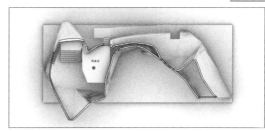

图 5.12

王老师：这个平面图左侧夹层的位置，这样设计也不错（图5.12）。但目前这个夹层平台左侧边缘的形态跟这部分的建筑形态不够统一，建议课下再去修改一下这个位置。

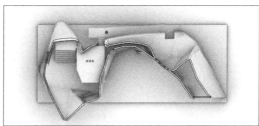

图 5.13

姜恬恬：好的。这张平面图上部是一条从地面通往建筑屋顶露台的坡道（图5.13）。

王老师：这个坡道如果可以直接通到这个夹层空间来，空间趣味性会更好。

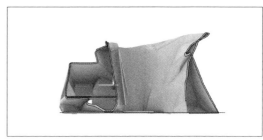

姜恬恬：这是书吧方案的建筑立面图（图5.14~图5.18）。

王老师：请注意，刚才动画展示中的玻璃不要用蓝色，用透明玻璃就好。整体来看，这个方案还是蛮

不错的，课下再把地下一层和室外下沉庭院做出来会更好。

姜恬恬：王老师，我有一个问题。我原本想在二层平面图下部凹进去的中间位置加一个外挑的露台（图5.19），您看这个想法如何？

王老师：我建议最好不要加。

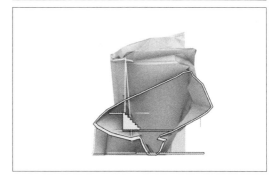

图 5.16～图 5.18

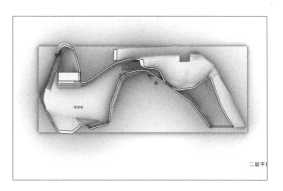

图 5.19

姜恬恬：这是我的方形建筑红线内的书吧方案（图 5.20～图 5.23）。

王老师：这个方案做了地下一层?

姜恬恬：是的。

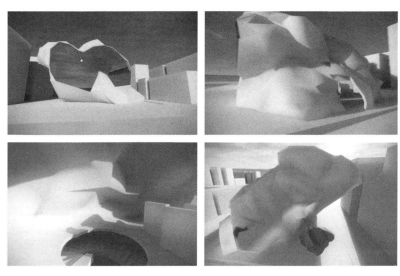

图 5.20～图 5.23

王老师：一层平面图上，这个旋转楼梯画得不对（图 5.24），课下需要改正。这个室外地下室的采光顶做得很有趣，跟一颗蓝宝石似的（图 5.25）。

王老师：在地下一层平面图上,应该把采光顶的轮廓投影线用虚线表示出来(图5.26）。

图 5.24

图 5.25

图 5.26

王老师：请下一位同学讲一下自己的方案。

马司琪：先请看长方形建筑场地内的方案动画（图5.27~图5.32）。

王老师：同学们的动画还是缺片头、片尾，下次展示的时候一定记得加上。

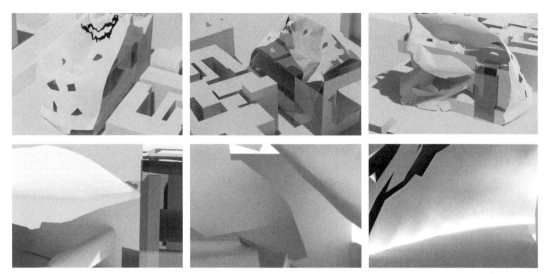

图 5.27 ～图 5.32

马司琪：以下是这个方案的图纸。第一张是建筑总平面图，从图的左下角可以看出书吧建筑右侧边缘被用地红线切削后形成的平直墙面，其他三个侧面都是不规则曲面（图5.33）。

马司琪：下面依次是建筑一层、二层、三层、屋顶平面图（图5.34~图5.37），每层平面图中都标注了设想的功能空间。其中，三层平面顺应建筑形态的竖向走势，斜切楼板，形成连通二、三层的共享空间（图5.36）。

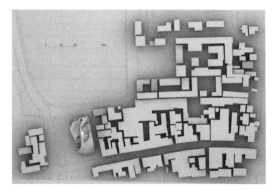

图 5.33

 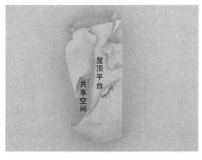

图 5.34～图 5.37

王老师：这个三层平面图中，楼层被斜切出来的共享空间是比较巧妙的，这种切法呼应了建筑形态的起伏变化。

马司琪：这是建筑的立面图（图 5.38）和剖面图（图 5.39、图 5.40）。

王老师：通过立面图、剖面图来看，这个书吧建筑方案的问题跟你之前在方案练习时做的咖啡馆的相似，都是一层空间被功能空间封闭起来了，建议你把一层架空，这样整座建筑形态会显得更加轻盈。另外，方案中没有做地下一层，目前来看空间的趣味性、丰富性都还不够，课下需要去完善。如果地下空间不知道怎么处理，我建议把这个形态沿地面线进行垂直镜像处理，这样地下空间的形态就丰富起来了。

图 5.38　　　　　　　　图 5.39　　　　　　　　图 5.40

马司琪：这是方形建筑红线内的书吧设计方案，先看一下动画展示（图5.41~图5.44）。

王老师：书吧里的书架不能都集中在一层，应该分布在各层，不同楼层按图书科目分类进行布置，否则这一层的空间会被书架填塞得太过拥挤（图5.44）。还有，书架不一定都是方格子的，书架的形式也是可以自由设计的。

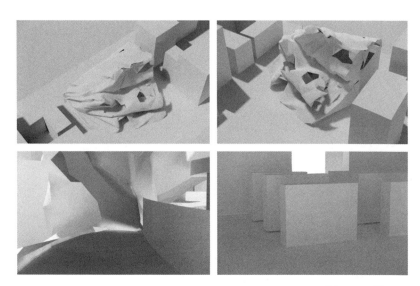

图5.41～图5.44

马司琪：以下是这个书吧方案的设计概念图。这是建筑总平面图（图5.45）。

王老师：从刚才的动画和总平面图来看，你已经掌握了根据建筑用地红线对形态进行切削的方法，这是值得肯定的（图5.45）。但是，通过动画来看内部空间的话，你的功能空间跟形态空间撞在了一起，把各层之间的竖向连续性阻隔了，因此，你需要在完善方案的时候再大胆一点儿，不仅要掌握对外部形态的"切削"，对内部空间也应该学会使用"切削"这个关键手法，这样才能创造出丰富有趣的空间。

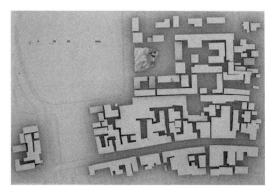

图5.45

马司琪：这是书吧建筑的一层平面图（图5.46）。平面图的左上角布置通往二层的楼梯，左下角布置办公室，中间位置布置公共阅览区，右侧利用形态原有的肌理设置通往二层的室外坡道。

王老师：这些想法不错，在室内建议沿着一层平面的右侧弧形形态布置直跑楼梯（图5.46），顺应形态的变化去考虑功能空间的布置。

马司琪：这是书吧建筑的二层平面图（图5.47）。平面图的左上角设置通往一层的楼梯，左下角布置茶水间、卫生间，右下角利用形态变化形成连通一、二层的共享空间。

王老师：目前来看，这个楼梯做得太封闭了，没能成为空间的精彩要素，建议将楼梯与共享空间结合起来做，让楼梯成为空间的表演性要素。

马司琪：这是部分建筑立面图（图5.48）和剖面图（图5.49～图5.51）。

王老师：这张剖面图上的门洞并非一定要开成矩形（图5.50），可以根据形态设计成自由形式的门洞，如三角形、弧形等。从另一张剖面图来看（图5.51），一层阅览区内的书架布置得太过密集，形式跟整座建筑的形态不统一，需要更加灵活的设计。同学们需要注意，应该把室内家具看成建筑空间的一部分，不应该区别对待，只有这样，设计出来的建筑才能实现形式上的统一。我们在"空间与观念赋予"阶段已经对此训练过了，例如，把墙体变宽、变矮就可以看成椅子、桌子等，因此，我们的整个教学训练是连续、统一的。在国际建筑设计领域，一些著名建筑师在实际建筑项目中也是这样操作的，如蓝天组、扎哈等，同学们可以利用课外时间去学习、参考一下。

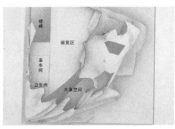

图5.46、图5.47

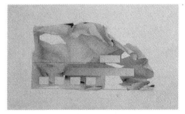
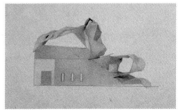
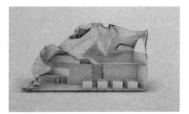

图5.48～图5.51

崔薰尹：这是长方形建筑用地红线范围内的书吧方案，先给大家看一下建筑动画（图 5.52~图 5.55）。接下来是在形态内部置入书吧功能的空间平面图（图 5.56、图 5.57）和剖面图（图 5.58~图 5.61）。我想利用原有形态内部的斜向空间设计连通一、二层的楼梯（图 5.59）。

王老师：这个方案的问题在于建筑的外部形态与内部功能空间还没有融合起来。目前来看，内外两部分是各自独立的，两者虽然发生了碰撞，但是碰撞之后没能统一起来。你把一个现成的书吧功能空间直接置入进去没有问题，但如果将外部形态跟它融合在一起会更好。比如，功能布置可以保持原样不变，但是围合功能的空间形式要根据外部形态的变化来做相应的改变。从建筑动画来看，建筑短边的形态太封闭了，建议开敞一些，作为公共空间（图 5.52）。还有一个根源性的问题是，这个外部自由的

图 5.52、图 5.53

图 5.54、图 5.55

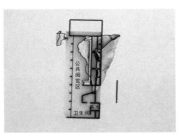

图 5.56、图 5.57

图 5.58、图 5.59

图 5.60、图 5.61

形态没有围合出足够的内部空间，所以在它与功能空间碰撞的时候，你会发现两者融合起来非常困难。我建议你尝试用之前获取的其他形态去读解、碰撞，不要在一个不合适的形态上努力，这样的话，最终的结果也不会太理想。

王建翔： 这是方形建筑红线内的建筑书吧方案，先请大家看一下动画展示（图5.62~图5.67）。

王老师： 这个形态的原型是什么？

王建翔： 是一团抹布。

王老师： 好。看了这个方案的动画展示，感觉还是很不错的，形态比较丰富，建筑尺度也合适。但是建筑入口前的公共空间的墙体过于封闭了（图5.66，图中左侧竖向墙体），建议将它打开，将一层做成架空空间，也可将它做成玻璃幕墙，使空间通透起来。

王建翔： 下面是建筑方案图。

王老师： 这张建筑总平面图对周边环境的表达有些粗糙，建议你把周边环境的表达范围扩大，相关的环境信息才会更全面（图5.68）。同时，粗糙的周

图 5.62

图 5.63

图 5.64

图 5.65

图 5.66

图 5.67

边环境表达会显得方案很不精致，所以课下需要认真完善。

二层建筑平面图内功能空间的墙线（图 5.69，图中黑色实线）没有必要全部用来围合空间，尤其是图面上部的这些墙线，应该利用外部形态进行空间界定，这样的话功能空间跟形态空间才能更有机地融合。在这个方案动画展示中，外部公共空间的设计很棒，设计内部空间时值得借鉴（图 5.66）。

崔薰尹同学，你可以借鉴王建翔同学这个形态，一定要具有内部空间，否则很难使功能空间和外部形态融合在一起。

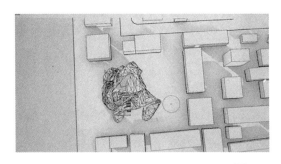

图 5.68

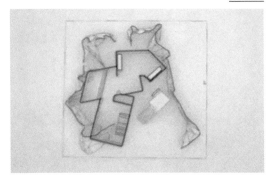

图 5.69

王建翔：这是另一个方形建筑红线范围内的书吧方案，先请看建筑动画（图 5.70~图 5.76）。

王老师：从建筑动画来看，这个方案做得也不错，但还是有几个问题。动画中应该把建筑放入用地环境里展示，目前看这个书吧，很难把握它的尺度（图 5.70~图 5.73）。可以将建筑形态内部的功能空间的墙体去掉，或者调整高度（图 5.75）。内部楼梯做得不错，但是地下一层的空间围合得太封闭了，这些功能空间的墙体也可以去掉（图 5.76）。

图 5.70

图 5.71

图 5.72

图 5.73

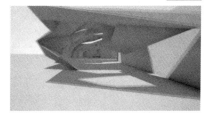

图 5.74

图 5.75

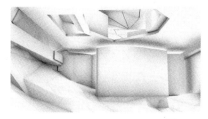

图 5.76

刘哲淇：先请大家看一下长方形建筑红线内的书吧方案动画（图 5.77~图 5.80）。

王老师：动画里的书吧缺少周围城市环境，这个问题跟前面王建翔的方案的问题一样，缺少外部环境的参照，书吧的尺度就很难去把握。这个书吧的外部形态的材质可以用透明材料，但是目前的材质过于透明，以至于形态接近于隐身的状态。有个问题，从动画里看，这个建筑内两侧的格架是这个书吧内的主要形式，它是怎么得到的？有什么用途？

刘哲淇：这些格架是通过犀牛软件把形态模型竖向切割后得到的断面，我将这些断面闭合后，水平向推拉就得到了这样的骨架（图 5.77）。我想利用这些骨架创造出人的活动空间，用于阅读、交通、观光等。

王老师：这种想法很巧妙。但问题在于，这些骨架还没有达到你设想的成为功能空间的围合形式，反而更像是建筑内部的装置，因为它没能跟形态空间融合在一起。比如，这个装置上部所围合的空间只能用来观看，而不能为人创造出可以在里面活动的空间（图5.81），这就是它区别于功能空间的原因。同时，这也引申出另一个问题，即室内设计和建筑设计对空间观念认识的区别。对室内设计而言，这种装置可能形式感很丰富，是个好设计，但对建筑设计而言，人们一定会反问"人怎么在里面使用它"。一旦它不具有人在里面发生行为的空间，就成了空间装置。

目前这个外部形态仅仅是个外壳，还没有被读解为建筑，因为它仅仅围合出了内部空间，但还没有按照人的功能需求组织出内部空间。还有个问题是，这个书吧方案设计阶段要求同学们根据建筑红线对形态进行切削训练，你的方案缺少这个训练，需要接下来去练习。

图 5.77

图 5.78

图 5.79

图 5.80

图 5.81

张树鑫：这是方形建筑红线范围内的书吧方案。先请大家看一下方案动画（图 5.82~图 5.86）。

王老师：从动画来看，整个方案不错，形态和空间都很丰富。但有一个问题，建筑形态被用地红线切削后形成的面太封闭了，应该通透一些，可以用一些透明材料（图 5.82）。还有个问题跟刘哲淇的建筑动画是一样的，就是没有把书吧建筑放进环境场地里。

张树鑫：下面是方案图纸。

王老师：从一层平面图上看，室内空间的布置跟建筑形态具有一定的形式协调性（图 5.87）。主体建筑两侧楼梯的宽度是多少？

张树鑫：两个旋转楼梯都是 2m 宽。

王老师：太宽了。目前，这两座楼梯在形式上与主体建筑的比例不协调，体量有些大。

从二层平面图上看，这两个旋转楼梯的形式有些过于对称，这与主体建筑不规则的建筑形态在形式上有些冲突。从主体建筑形态来看，二层平面图下面的旋转楼梯更适合做成直跑楼梯，课下建议你去尝试一下（图 5.88）。从主体建筑的平面看，内部空间的丰富性不错，为了增加一、二层空间的连续性和趣味性，建议你在平面图的中间位置加一组直跑楼梯（图 5.89）。

图 5.82

图 5.83

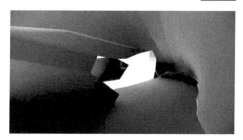

图 5.84

图 5.85

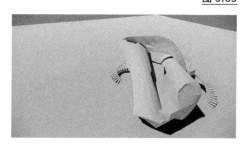

图 5.86

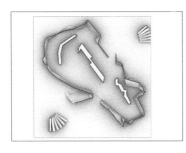

图 5.87

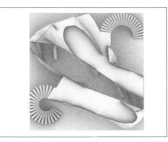

图 5.88

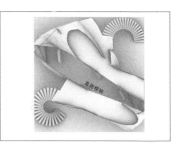

图 5.89

张树鑫：下面是建筑剖透视图（图 5.90~图 5.92）。

王老师：从这些图看，阅览书架太高，会遮挡人的视线，进而影响室内丰富的空间效果（图 5.90）。从图上看，被剖到的建筑形态的外壳没有厚度，这会导致形态缺少建筑感（图 5.91、图 5.92）。

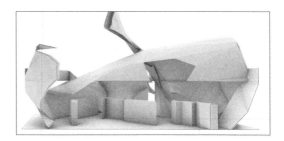

图 5.90

图 5.91

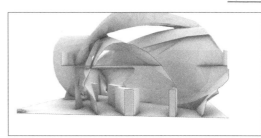

图 5.92

张树鑫：这是方形建筑红线范围内的第二个书吧方案，请看建筑动画（图5.93~图5.98）。

王老师：这个建筑动画反映出书吧的建筑形态不够丰富，切削面过于封闭，建议你课下去尝试打开这部分，或者将它做得透明一些。

室内空间的趣味性和丰富性都比较好，尤其是室内家具采用了跟建筑形态比较统一的流线型，这是值得其他同学学习的（图5.94、图5.95、图5.97）。但是有些书架做得太高了，对空间趣味性造成了影响，建议将高度调低（图5.96）。

图 5.93、图 5.94

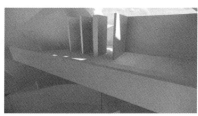

图 5.95、图 5.96

图 5.97、图 5.98

张树鑫：下面是建筑方案图纸。

王老师：从平面图可以看出，小张同学（张树鑫）利用形态的局部做成了书架，这种方法在"空间与观念赋予"的训练中我们练习过，同学们可以参考一下（图5.99）。二层平面图下部的这个楼梯设计得过于封闭，没有将其作为空间的表演性要素展示出来，需要课下去修改。同样，这张图里的吧台与共享空间的相对位置没处理好，应该把吧台放在平面图的下部，这样可以让更多的人靠近共享大厅，感受上下空间的连续性、趣味性（图 5.100）。

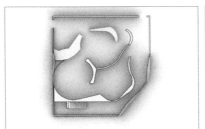

图 5.99

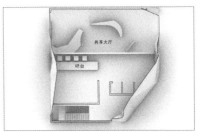

图 5.100

从建筑剖透视图看，书吧两侧的外墙做得太封闭了，室内的人欣赏不到周围环境的景色（图 5.101~图 5.103）。剖透视图反映出来的另一个问题是建筑形态顶部被剖到的壳体太薄，缺失建筑感，需要课下去修改。

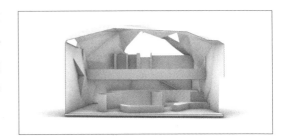

图 5.101

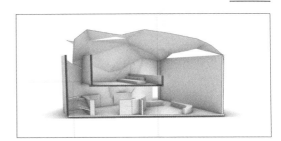

图 5.102

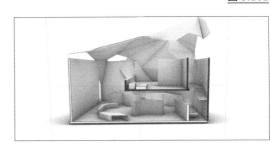

图 5.103

黄俊峰：这是方形建筑红线范围内的书吧方案。先请大家看一下建筑动画（图5.104~图5.113）。这个书吧利用形态扭转形成室外广场，主入口设在二层，使用者可以沿着室外建筑形态起伏所形成的坡道到达（图5.107、图5.108）。

王老师：从这个动画看，方案还是很不错的。首先，建筑表面的蓝色玻璃颜色太深，改成透明玻璃比较好。其次，室内中间的这堵墙不要这么高，否则会阻隔室内空间的连续性（图5.110）。还有，室内楼梯的栏板也要设计出来（图5.109）。

黄俊峰：下面是建筑方案图纸，包括平面图（图5.114、图5.115）和剖面图（图5.116~图5.122）。

王老师：从建筑剖面图看，被剖到的形态的外壳图面表达太薄了，缺少建筑感，需要课下去完善。

图 5.104

图 5.105

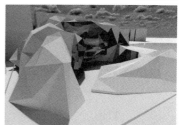

图 5.106

图 5.107

图 5.108

图 5.109

图 5.110

图 5.111

图 5.112

图 5.113

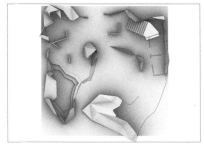

图 5.114

图 5.115

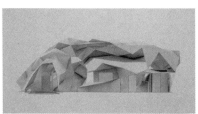

图 5.116

图 5.117

图 5.118

图 5.119

图 5.120

图 5.121

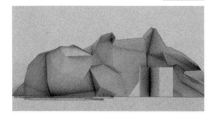

图 5.122

黄俊峰：这是长方形建筑用地范围内的书吧方案。还是先请大家看一下建筑动画（图5.123~图5.132）。

王老师：从动画看，这个方案不错。但是建筑外表面的蓝色玻璃颜色不要这么深，改成透明玻璃会好一些。室内折跑楼梯应该像旋转楼梯一样做上栏板（图5.127、图5.131、图5.132）。

黄俊峰：下面是这个方案的俯视图（图5.133）、平面图（图5.134、图5.135）和剖面图（图5.136、图5.137）。

王老师：从平面图上看，旋转楼梯宽度太大，跟室内空间的尺度不协调，建议将其改得窄一些。旋转楼梯不要作为疏散楼梯用，它是一个空间表演性的要素，因此它的形式比例很重要（图5.134、图5.135）。

图 5.123

图 5.124

图 5.125

图 5.126

图 5.127

图 5.128

图 5.129

图 5.130

图 5.131

图 5.132

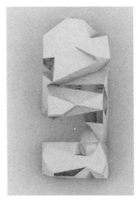  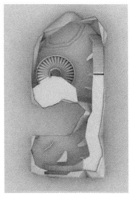

图 5.133 ～图 5.135

 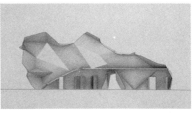

图 5.136   图 5.137

张琦: 先请大家看一下方形建筑红线范围内的书吧建筑设计方案。下面给大家展示建筑动画（图 5.138～图 5.140）和建筑平面图（图 5.141、图 5.142）。

王老师: 目前，这个方案的问题是建筑形态没有按照训练的要求去进行切削操作，而且内部功能空间没有界定清晰，另外还缺少地下空间的设计。其他细节方面的问题也比较多，比如，楼梯做得比较粗糙、没有设计栏板等。

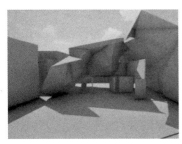  

图 5.138   图 5.139   图 5.140

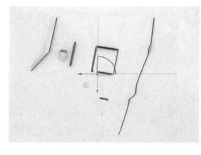
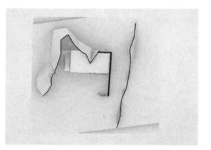

图 5.141　　　　　　　　　　　　　　图 5.142

张琦：这是长方形建筑红线范围内的书吧设计方案，请大家看一下方案动画（图 5.143~图 5.147）。

王老师：从动画来看，这个方案跟上一个方案的问题是相似的。需要补充的是，这两个方案的形态下没有围合出足够的内部空间，因此不能与功能空间充分地融合。

图 5.143

图 5.145

图 5.144

图 5.146

图 5.147

谢安童：我目前只做了一个方形建筑红线范围内的书吧设计方案，动画还没来得及做。请大家看一下建筑形态效果和内部空间（图 5.148~ 图 5.151）。

王老师：这个方案的建筑形态跟其他同学的有很大的不同，它是由几个面偶然拼接形成的。那这个形态的原型是什么？

图 5.148   图 5.149

图 5.150   图 5.151

谢安童：形态的原型是堆积的碎纸片（图 5.152）。这是一层建筑平面图（图 5.153），人可以在建筑内沿着中间直跑楼梯到达二层（图 5.154）。

王老师：这个建筑楼板是倾斜的吗？

谢安童：楼板是平行于地面的，墙体是倾斜的。

王老师：整体效果不错，但是设计进度太慢了，课下需要努力了。

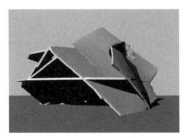

图 5.152   图 5.153   图 5.154

2. 顽疾与超越

同学们在这一周的训练中所展示的书吧方案设计，既有可喜的进步之处，又存在之前训练中未解决的"顽疾"。王昀老师在逐一讲评后，进行了最后的总结，同时也对下一步的训练提出了具体要求和学习建议。

王老师：刚才看了同学们书吧方案的初步设计，总体感觉比之前的方案练习阶段有了很大进步。关于功能空间和建筑形态的融合这个训练难点，在经过了前面"空间融合"的训练后，大部分同学有了一定的突破。

形态与观念赋予训练中还存在一个明显的训练难点，即建筑内部功能空间围合墙体与形态的形式统一问题。到了书吧设计训练这个阶段，我想跟同学们说一下这个问题的解决方法。同学们在获取建筑形态后，将形态的正投影线投射到平面图上，那么这些投影线就可以作为布置功能空间围合墙体的参考线。当这些墙体沿着这些辅助线布置后，它们所围合起来的空间形式与形态空间的形式便会很好地融合在一起。其实这也是我们这个训练中需要同学们细致琢磨的地方。在这个方案设计阶段，设计地下空间时，统一将建筑形态沿地面做垂直镜像，利用镜像后的一层空间去引导地下空间的设计。需要注意的是，地下空间一定要能够让人从室外直接进入，因此需要在建筑场地中设计下沉广场，这样建筑空间的趣味性也会更丰富。对于建筑动画，同学们给方案动画配音乐时，选用的音乐一定要能烘托空间的氛围，并且与空间视角移动的节奏匹配起来。另外，建筑动画要有片头、片尾，不能仅仅有动画主体。还有一个问题便是图纸的表达。目前，同学们做的平面图是利用犀牛软件模型剖切后的正视图，在接下来的训练中，我要求同学们用 CAD 把这些正视图描一遍，这样你们对空间的读解会更深刻，对细节的处理会更加完善。

关于建筑设计的规范性技术问题，同学们不能轻易地放过任何一个细节，要针对这些细节查阅《建筑设计资料集》或相关建筑规范。这是建筑技术层面的学习，同学们可以边实践边学习，因为单纯地记忆相关规范是很难的。

在设计步骤方面，有些同学容易掉入一个思维的陷阱，即只思考，不操作。对设计而言，思考固然重要，但同学们如果沉迷于这个过程，不去操作，那么就会掉入百思不得其解的状态。我建议同学们在得到形态后，一定要边在模型中操作，如读解、碰撞、切削，边思考，两者同步进行才能推进方案。同学们一定要敢于尝试，在多个形态中思考和操作，而不是执拗于一个形态，止步不前。

6

细处着笔

"形态与观念赋予"设计教学进行到现阶段，同学们在训练中依然存在的主要问题是对形态空间与功能空间的碰撞、退让的理解与操作。这两个难点存在的主要原因在于，同学们在对两者进行操作时，形态空间是以三维形式呈现的，功能空间却停留在二维正投影的平面形式，因此即便对两者进行碰撞、退让的操作，空间效果也很难完整地表达出来。为了解决功能空间与形态空间融合的问题，在这一阶段的训练中，同学们会通过犀牛模型，将两者在该界面进行三维模型空间的处理。以下内容是同学们通过以上操作取得的进一步训练成果，在此以当时教学场景的真实视角展示给各位读者，以供借鉴和参考。

1. 细节推敲

这一部分内容是同学们在从"大处落笔"，初步确定了书吧建筑设计方案后，从"细处着笔"，对书吧方案的深化、完善。同学们展示了一周的方案深化成果，而这个过程中，同学们对细节的推敲以及暴露出来的问题，使我们了解到同学们到现阶段对"形态与观念赋予"训练的掌握程度，为下一步的训练导向提供了必要的参考依据。另外，笔者（张老师）也参与了同学们的方案讲评过程。

马司琪：这是方形建筑红线范围内的书吧建筑方案设计深化图。首先看地下一层平面图（图6.1），我想让使用者可以沿直跑楼梯从一层室外直接到达地下空间（图6.1中底部为直跑楼梯）。为了解决地下空间的采光问题，右上角的位置设置了下沉庭院，庭院左侧布置地下讨论区，庭院下部布置通往一层室内的旋转楼梯，楼梯下是卫生间和办公室。

张老师：目前来看，办公室没有采光，这个问题是怎么解决的？

马司琪：办公室、卫生间的左侧是一个不规则形状的下沉庭院，可以为办公室提供采光。

张老师：从图上看，你的办公室的空间形式是封闭的，一侧的下沉庭院不能为办公室提供直接采光，建议你把办公室改为开放办公区，这样它的采光问题就解决了。还有个问题，你在流线设计中让人可以从室外一层直接下到地下空间，但在进入室内之前缺少室内外边界，建议你在右下角设置一扇门，来解决这一问题。

马司琪：这是一层建筑平面图（图6.2），中间靠左的室外楼梯直通二层，底部直跑楼梯通往地下一层。利用建筑形态，在建筑红线范围内布置一个开放广场（图6.2的右上角），开放广场的左侧是室外阅读区。

张老师：从图上看，开放广场左侧休闲区布置的桌椅尺度太大，而且与建筑空间形式不协调。再一个问题是，开放广场中间的旋转楼梯是直通地下一层的，应该在进入室内之前设置区分室内外的门。你设计这个开放广场的想法很好，但是人怎么进入广场呢？广场右侧边界上下贯通的双实线表示墙线，人是无法到达广场的，这个问题需要你课后去修改、完善。

你把一层平面图的下面布置成办公、储藏区域，从人的行动流线来讲，这是尽端空间，从这个区域的室内无法进入二层室内空间，要想到二层去，还得从室外楼梯上去，这是不合理的，建议你在这个室内区域设计出通往二层和地下一层的楼梯。

马司琪：这是二层建筑平面图（图6.3）。二层是书吧的主要阅览区。

张老师：从图上看，人在一层室外地面无法从中间直跑楼梯上到二层阅览区，因为二层的楼梯位置被墙体封上了，应该在楼梯进入室内前设置楼梯平台，在墙体上开门。二层室内座椅的布置跟一层阅览区存在同样的问题。

图 6.1

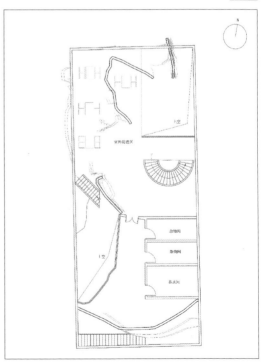

图 6.2

马司琪：这是三、四层建筑平面图（图6.4、图6.5），四层布置休闲展廊功能，展廊上部的近端位置设计大片落地玻璃幕墙，正对室外的湖景。休闲展廊的下部是连通二、三层的共享空间（图6.5）。这张分层轴测图展示了每层内部空间的布置情况（图6.6）。这是书吧建筑比较窄的一端的建筑立面图，右侧上下齐平的一面是被切削的一面（图6.7）。另一张是被切削到一侧的建筑立面图，这一侧的墙面设计整片落地玻璃幕墙（图6.8）。另外两张分别是建筑横、纵方向的剖面图（图6.9、图6.10）。

张老师：刚才讲到的问题，记得课后去修改一下。

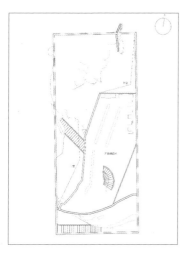

图6.3

图6.4

图6.5

图6.6～图6.8

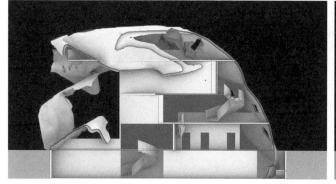
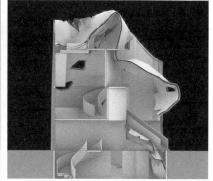

图 6.9   图 6.10

马司琪：下一个是方形建筑红线范围内的书吧设计方案。这是地下一层建筑平面图（图6.11），地下一层分内、外两部分，外部是下沉庭院，内部有开放阅读区、新书展示区、办公室、杂物间、茶水间、卫生间等功能。人可以从下沉庭院直接去往一层的室外地面。

张老师：目前这个室外下沉庭院跟室内是不连通的，如果人可以从这个庭院直接进入室内就好了。

图 6.11

马司琪：我课下把这个问题修改一下。这是一层建筑平面图（图6.12），右下角对应地下一层的下沉庭院，庭院上空有一道桥连通建筑内外。建筑一层的室内主要布置开放阅读区，阅读区的左上角为贯通地下一层和地面一层的共享空间。一层的一个旋转楼梯通往地下一层，另两个旋转楼梯通往二层。右上角有一条从一层直通二层的坡道。

张老师：从图上看，一层的旋转楼梯有些宽，主入口的门没有表达出来。还有，线型区分得不够清晰，剖到的墙线、门窗线、家具线、看线等线型一定要清晰地表达出来。

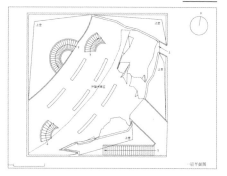

图 6.12

马司琪：好的。再看一下二层建筑平面图（图6.13）。

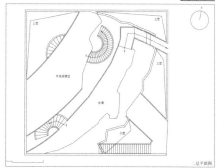

图 6.13

张老师：二层平面图的问题跟一层平面图相似，线型表达不够清晰。再一个问题是，二层空间是封闭还是开敞的，也没有表达清楚。

马司琪：下面这张图是建筑分层轴测图（图6.14），从图中可以看出建筑各层的空间形式。

张老师：这张图做得比较清晰，但有些问题需要细化，比如，楼梯栏板需要做出来。

马司琪：下面是这个建筑的立面图（图6.15、图6.16）和剖面图（图6.17、图6.18），从这张立面图上可以看出从一层到二层的楼梯（图6.16）。

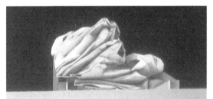

张老师：建筑立面图上的洞口打算怎么处理（图6.16）？从剖面图上看，室内功能空间没有把顶棚表达出来（图6.18）。

马司琪：立面图上的这些不规则黑色面不是洞口，而是覆盖的透明玻璃，只不过玻璃的透明度太高，看起来像洞口。

王建翔：这是我的方形建筑红线范围内的书吧设计方案，先看一下建筑一层平面图（图6.19）。一层平面布置了新书展示区、开架阅览区、茶水间、讨论区等功能，左下角的室外楼梯直通二层，楼梯右边是通往地下一层的坡道。室内中间的楼梯通往二层，上部入口位置的楼梯通往地下一层。

张老师：王建翔在一层平面图上标注了剖切符号，其他同学也要记得标注。图上圆桌的尺寸偏大，应该再相应缩小一些。形态边界目前表达得不够清楚，需要再去完善一下。剖到楼梯的剖切符号的标注不应该平行于踏面线，应该倾斜一定的角度。图上的三个楼梯都有些宽了，需要跟空间尺

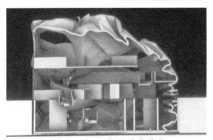

图 6.14～图 6.18

度协调，另外还要将主、次楼梯区分开来，目前的楼梯都一样宽，显然不合理。

王建翔： 下面是地下一层平面图（图6.20）。地下一层布置了卫生间、资料室、办公室功能，坡道直通一层室外地面。

张老师： 这张图上的问题比较多。第一，卫生间与其旁边楼梯的位置关系不合理。第二，卫生间的功能布置太简陋，需要参照《建筑设计资料集》查一下卫生间的布置要求。第三，直通一层室外地面的坡道表达不对：首先，没有画剖切符号；其次，它在通往地面一层的时候应该有界定室内外的设施，如门，而现在状态是地下一层与地面室外虽然是连通的，但缺少封闭设施，这是不合理的。第四，楼梯形式不美观，楼梯在建筑中一定是空间的表演性要素，它的形式应该顺应形态的变化，但现在并不是这样的。第五，办公室缺少自然采光。以上这些问题需要你课下去思考、修改、完善。

王建翔： 这些细节问题确实没考虑好，我课后去修改。下面请老师看一下二层建筑模型（图6.21），平面图没有导出来。

张老师： 从这个模型看，下部的直跑楼梯与二层室内空间之间有楼梯休息平台作为缓冲空间，这种表达是正确的。马司琪同学可以参考一下王建翔的做法。但是，从楼梯与二层平面比例来看，这个楼梯有些宽了，图面比例不协调。还有这个直跑楼梯的踏步有些窄了，回去查一下《建筑设计资料集》，修改一下。

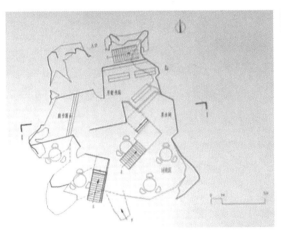

图 6.19

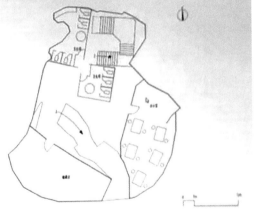

图 6.20

王建翔：这是建筑剖面图（图6.22）。

张老师：这个剖面图画得有些粗糙。地面线在建筑室内是被打断的，而在剖面图上却是贯通的。再一个问题，地下一层空间的外墙、底板被剖到的部分都没有用粗实线表达出来。还有，地上剖到建筑形态外壁的表达有些粗糙。剖面图上连通一、二层的楼梯需要统一用栏板代替栏杆。

王建翔：这是长方形建筑红线范围内的书吧方案（图6.23）。建筑一层平面主要布置了新书展示区、开架阅览区、咖啡间、讨论区等主要功能，最下部是建筑主入口。

张老师：从图面上看，这些功能分区里的桌椅形式没有区分，这是不合理的，不同用途的桌椅根据空间形式的不同，应当适当地区分。图的下部，通往地下一层的楼梯表达不正确。在建筑主入口的位置没有把疏散门画出来。

王建翔：这是地下一层建筑平面图（图6.24），是把获取的形态沿地面竖向镜像后得到的平面形式。

张老师：从图上看（图6.25），一些细节问题需要注意。第一，上部的男女卫生间布置得都一样，而且没有卫生间前室，这说明你对卫生间的布置没有研究清楚，课下去查一下《建筑设计资料集》。第二，图上所有表示高差的箭头符号标注得太随意，箭头一定要从高差的起始位置到结束位置标注完整。第三，这一层的功能没有标注出来。

从这个方案的地下一层和一层建筑平面图看，整座书吧建筑在竖向空间上没有打通，空间没有流动起来。这不符合我们的训练要求，课后需要修改。从"空间与观念赋予"开始，关于建筑空间在竖向、水平方向的流动训练要求是一直不变的，到现在还出现这样的问题是不应该的。

王建翔：下面是建筑剖面图（图6.26）。

张老师：这张剖面图展示出来的地下空间非常精彩。但仍然存在一些细节问题，比如，图上地面线在建筑室内没有打断，这个问题跟你的上一个设计方案的剖面图（图6.22）是一样的，还有图上的楼梯防护设施用了栏杆，而我们的训练要求统一用栏板，从而使楼梯形式尽量与建筑形态的雕塑感相协调。

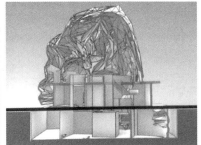

图 6.21   图 6.22

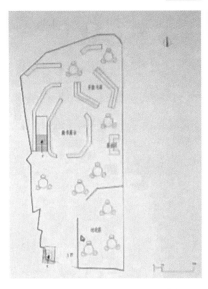
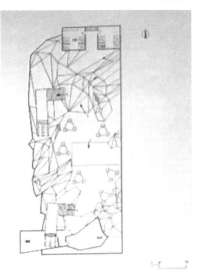

图 6.23   图 6.24

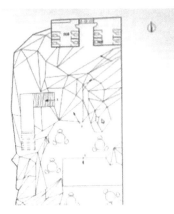
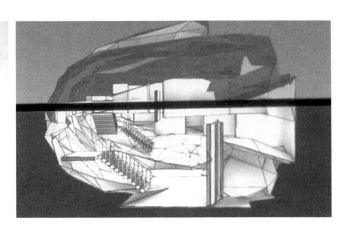

图 6.25   图 6.26

张树鑫: 这是方形建筑用地红线范围内的书吧建筑设计方案。先看地下一层平面图（图6.27）。地下一层布置了储藏室、卫生间、茶水间等附属功能，图的左上角是通往一层的楼梯。

张老师: 目前来看，地下一层的功能空间与形态空间没有结合好，储藏室、茶水间这两个功能空间布置得太随意了。

张树鑫: 这是一层平面图（图6.28）。主体建筑平面的两侧是通往二层的室外楼梯，室内楼梯通往地下一层。一层室内主要布置了开架阅览区和展示区。

张老师: 从地下一层和一层平面图来看，你跟王建翔同学的方案存在同一个问题，即这两层空间在竖向上不连续。尤其是室内楼梯，没能结合共享空间形成空间的表演性要素。

张树鑫: 这是二层建筑平面图（图6.29）。平面图上连接左右楼梯的是两个楼梯平台，进入室内是阅览室和讨论区，这两个功能区都朝着室外的百花洲湖景。

张老师: 两个二层楼梯平台与室内空间缺少建筑气候边界，应该把门画出来。

张树鑫: 下面是建筑立面图（图6.30）、剖面图（图6.31）和分层轴测图（图6.32）。

张老师: 立面图上的楼梯栏板的表达是准确的，其他同学可以学习一下。但是楼梯栏板的下边缘要齐平，不要做这种锯齿形（图6.30）。剖面图的问题是地下一层的底板没有画出来。你的这个方案存在的一个很大的问题是，地下一层、

图 6.27

图 6.28

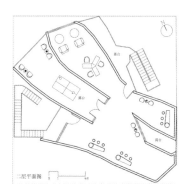

图 6.29

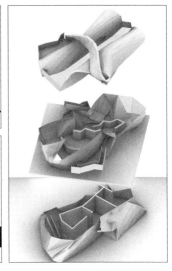

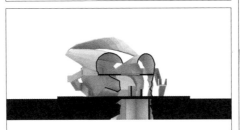

图 6.30～图 6.32

一层、二层空间在竖向上没有形成共享空间，这个问题在分层轴测图上更明显。也就是说，你没有按照训练要求去做，其他同学也应该注意这一点。

张树鑫：这是方形建筑红线范围内的另一个书吧设计方案。先看一下地下一层平面图（图 6.33）。

张老师：这层平面图的问题跟你的上一个方案的地下一层平面图的问题相似，功能空间和形态空间没有很好地融合在一起，比如，办公室、会议室没有直接的自然采光，各功能空间的布置有些随意。我们在训练中要求做下沉庭院，这个方案没有体现出来。

张树鑫：下面分别是一层、二层平面图（图 6.34、图 6.35）。

图 6.33

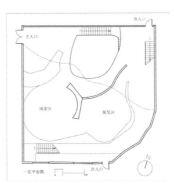

图 6.34

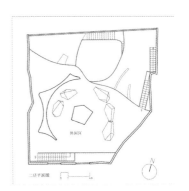

图 6.35

张老师：这两个平面图反映出来的功能空间和形态空间的融合还是不错的。这个方案优于上一个方案之处在于，三个楼层的空间是上下贯通的，也就是空间有了竖向流动性。还需要完善的地方是，你需要在平面图上把上部形态的投影线表达出来，在这个基础上，再利用这些投影线作为参考线去调节平面上的功能空间形式布局。

张树鑫：这些分别是建筑立面图（图6.36、图6.37）、剖面图（图6.38、图6.39）和分层轴测图（图6.40）。

张老师：同样，这些图的问题跟你的上一个方案的对应图的问题一样。建议你保留这个方案，然后再去做一个长方形建筑红线内的书吧设计方案。

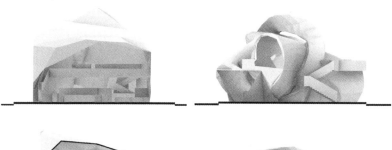

图 6.36、图 6.37

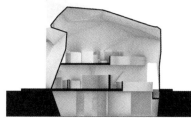 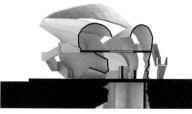

图 6.38、图 6.39

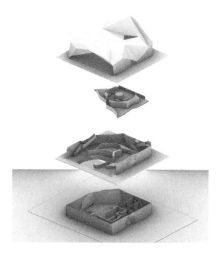

图 6.40

张琦：先看一下长方形建筑红线范围内的书吧建筑设计方案。这是建筑平面图（图 6.41~图 6.43）。

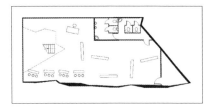

图 6.41

张老师：从图上看，这个方案中建筑内部的三层空间形成了共享空间，使竖向空间具有了连续性。但是连通一层和地下一层的共享大厅做得不够开敞，可以结合形态上部的投影参考线再完善一下。一层与二层的竖向共享空间还是不错的。此外，地下一层的洗手间的公共走廊是不需要设门的。再有，图上楼梯的箭头符号需要在箭头的起始端分别标注"上"和"下"。

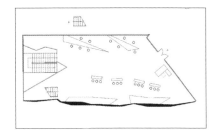

图 6.42

张琦：下面是这个方案的立面图（图 6.44）和剖面图（图 6.45~图 6.49）。

张老师：从剖面图上看，刚才讲到的建筑内部竖向空间的连续性的问题比较明显（图 6.46、图 6.47）。地面线、比例尺没有在立面图和剖面图中表示。还有一个问题，功能空间应该按照任务书要求布置，但是从平面图上看，这些功能没有布置清楚。

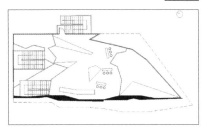

图 6.43

图 6.44

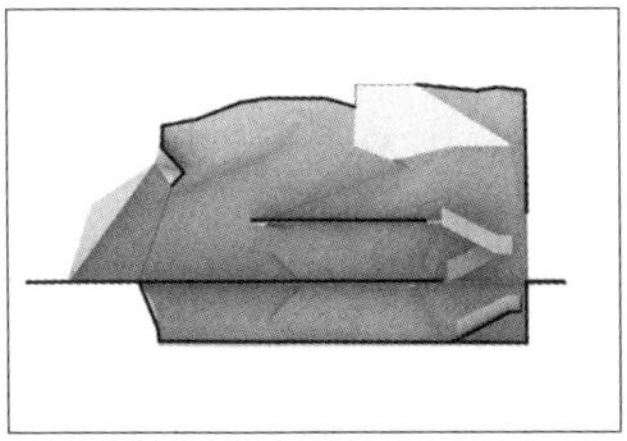

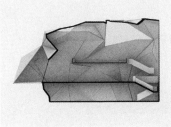

图 6.45

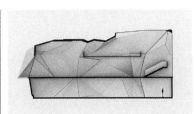

图 6.46

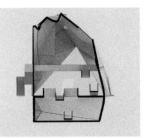

图 6.47

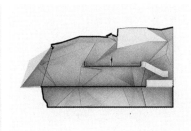

图 6.48

图 6.49

张琦：这是方形建筑红线范围内的书吧设计方案。先看一下建筑平面图（图6.50~图6.52）。

张老师：从平面图看，内部空间的处理还不错，但是内部功能布置依然没有标注清楚。从你的这两个方案的平面图看，内部家具形式设计跟整个建筑形态还是比较协调的。

张琦：下面是建筑的立面图（图6.53、图6.54）和剖面图（图6.55~图6.58）。

张老师：这些图的问题跟上一个方案中的立面图、剖面图的问题差不多，建议你课下一并修改。这两个方案都缺少地下一层下沉庭院的设计，这是你的两个方案中存在的一个很大的问题。如果没有下沉庭院，你的地下一层的内外空间的层次感就会减弱很多，所以需要你课后去完善方案，并加强这方面的训练。

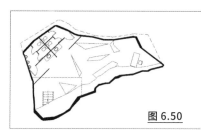

图 6.50

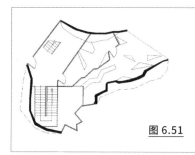

图 6.51

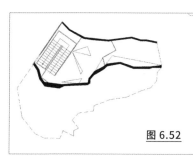

图 6.52

图 6.53

图 6.54

图 6.55

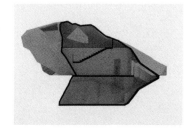

图 6.56

图 6.57

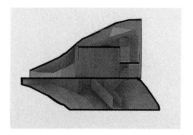

图 6.58

姜恬恬： 这是方形建筑红线范围内的书吧方案，先请看一下建筑平面图（图6.59～图6.61）。

张老师： 从地下一层平面看（图6.59），现在你是把整个建筑红线范围内的地下空间都利用上了。但有两个问题：一是地下空间采光问题怎么解决？二是主体建筑地下的室外部分与建筑红线之间的空间的利用问题怎样解决？

姜恬恬： 地下空间的采光采用的是顶部玻璃天窗采光（图6.59中虚线为天窗投影线）。地下室外与建筑红线之间的空间该怎么利用还没太想好。

张老师： 首先，面积这么大的地下空间靠这么有限的天窗采光是满足不了光照要求的。其次，从图上看，使用者不能进入地下室与建筑红线之间的空间，因此这部分空间是没有使用价值的，再结合一层建筑平面（图6.60）看的话，地下空间的这个问题就更为明显了，建议你课后改进。一、二层平面图主要是细节问题，如楼梯上下箭头的标注不规范等。而地下一层平面的问题是与一层空间没有形成竖向连续的共享空间，这点应该参照二层平面（图6.61），一、二层空间是上下连续、流动的。

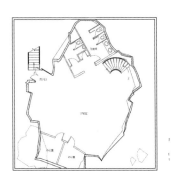

图 6.59

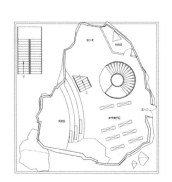

图 6.60

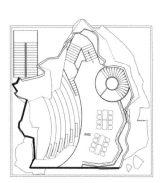

图 6.61

姜恬恬: 下面是这个方案的剖面图（图6.62~图6.65）和分层轴测图（图6.66）。

张老师: 从剖面图和分层轴测图来看，刚才讲的地下空间的问题尤为明显。还有一些细节问题，比如，剖面图中地下一层的底板没有用粗实线表达，剖到的玻璃的表达不准确，剖面图对应一层平面图的剖切位置和剖切符号没有表达，剖面图缺少比例尺等。总之，这些过程图的表达有些粗糙，接下来需要你去细化、完善。

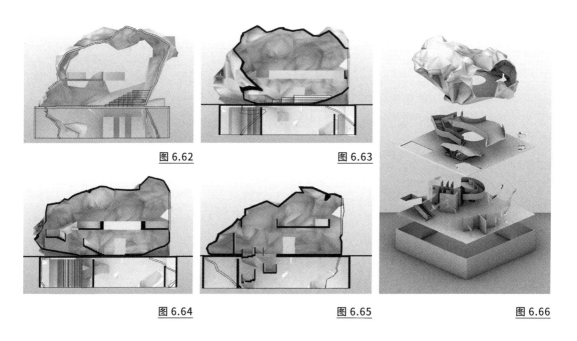

图 6.62　　　　　　　图 6.63

图 6.64　　　　　　　图 6.65　　　　　　　图 6.66

姜恬恬: 再看一下长方形建筑红线范围内的书吧建筑设计方案。这是建筑平面图（图6.67~图6.69）。我将建筑红线内的大树移到了地下一层（图6.67），树冠直达一层地面室外（图6.68）。

张老师: 从地下一层、一层平面图看，这棵树所在的空间处理得并不好，它所在的空间是封闭的，没有跟室外地面产生视线上的连续性，不够开放。这个空间可以设计成下沉开放庭院，这样人们更容易下到地下一层，整个一层空间的丰富性就提升了。还有图面细节问题，如楼梯上下箭头符号的标注等，这些问题需要你课下继续完善。

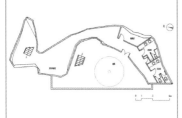

图 6.67

图 6.68

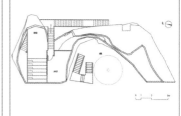

图 6.69

姜恬恬：下面是一些建筑立面图（图 6.70～图 6.73）、剖面图（图 6.74）和分层轴测图（图 6.75）。

张老师：立面图上的玻璃效果表现得不是太好，所有图都缺少比例尺。这个设计中的空间表现得还是比较丰富的，功能空间和形态空间的融合也不错。刚才提到的问题需要课后去解决。

图 6.70

图 6.71

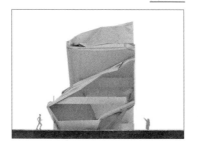

图 6.72

图 6.73

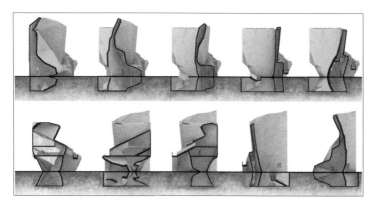

图 6.74

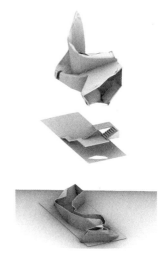

图 6.75

刘哲淇：先看一下方形建筑红线范围内的书吧建筑设计方案。这是建筑平面图（图 6.76~图 6.78）。

张老师：从平面图上看，这个方案比较大的问题是三个楼层在竖向上没有形成上下连续的共享空间，各个楼层空间是孤立的。再一个较大的问题是缺少地下一层下沉庭院的设计。其他细节问题较多，比如，地下一层卫生间的洗手台没有表达出来，一、二层平面的建筑外围护没有表达完整，建筑主入口没有表达出来，楼梯表达得不够准确，上下箭头符号没有标注，所有平面图的线型也未区分清楚，等等。

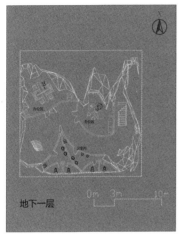

图 6.76

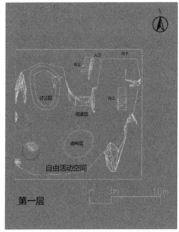

图 6.77

图 6.78

刘哲淇：下面是方案的建筑剖面图（图 6.79、图 6.80）和分层轴测图（图 6.81）。

张老师：这些剖面图在一层平面图上没有相应的剖切位置，同时也缺少比例尺。从剖面图上看，三个楼层上下的孤立状态较为明显，课下一定要把这个问题解决掉。

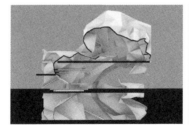

图 6.79、图 6.80

图 6.81

刘哲淇：接下来是长方形建筑红线范围内的书吧建筑方案。下面是建筑平面图（图 6.82~图 6.84）、剖面图（图 6.85、图 6.86）和分层轴测图（图 6.87）。

张老师：这个方案跟你的上一个方案的问题差不多，主要还是三个楼层竖向空间的连续性问题，缺少地下一层下沉庭院的设计，建筑平面图中外围护结构没有表达完整，楼梯画法不准确，等等。两个方案平面图中共同存在的问题是室内卫生洁具和家具的表达问题，目前图中的这些室内要素都是从 CAD或天正软件的插件里获取的现成图形，这些图形的细节过于烦琐，和建筑图形的抽象层级不统一，图中这些洁具和家具本来应该是对建筑空间起衬托作用的，现在反而由于过于具象而成为图面的主要视觉要素，这是不合理的。这个方案中建筑剖面图的问题跟上一个方案中建筑剖面图的问题是一样的，在这里不再多说了。

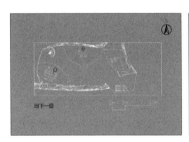

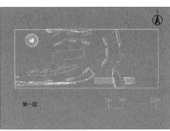

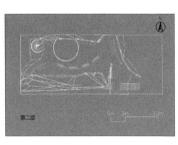

图 6.82　　　　　　　　　　**图 6.83**　　　　　　　　　　**图 6.84**

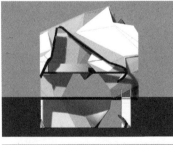

图 6.85、图 6.86　　　　　　　　　　　　　　　**图 6.87**

谢安童： 这是长方形建筑红线范围内的书吧建筑设计方案。先看一下地下一层至三层的建筑平面图（图6.88~图6.91）。

张老师： 这个方案最为明显的问题也是没有在建筑红线内设计出下沉庭院（图6.88），第二个比较明显的问题是这四个楼层在竖向空间上没有形成上下连续的共享空间。这两个比较明显的问题也是其他同学共同存在的问题。还有几个细节问题，比如，地下一层平面图中卫生间的布置没有分男厕和女厕，且缺少洗手间前室，楼梯未标注上下箭头符号，室内家具没有布置等。

谢安童： 下面是这个方案的立面图（图6.92、图6.93）、剖面图（图6.94、图6.95）、分层轴测图（图6.96）和透视图（图6.97、图6.98）。

张老师： 立面图、剖面图都没有标注比例尺，因此建筑尺度从图上是很难读解出来的。剖面图上楼梯防护设施要统一设计成栏板。

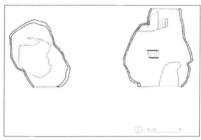

图 6.88、图 6.89

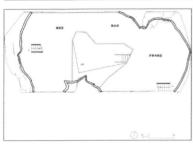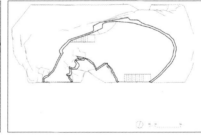

图 6.90、图 6.91

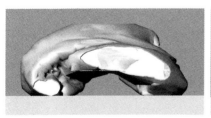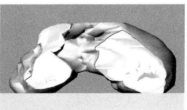

图 6.92、图 6.93

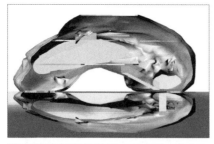

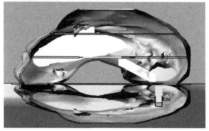

图 6.94、图 6.95　　　　　　　　　　　　　　　　　　图 6.96

图 6.97　　　　　　　　　　　　　　　　　　　图 6.98

黄俊峰：这是方形建筑红线范围内的书吧建筑设计方案，先看一下平面图（图 6.99~图 6.101）。从地下一层平面图可以看出，这一层的空间分为室内、室外两个部分，室外是一个下沉庭院，直通一层室外地面，室内空间通过北侧的折跑楼梯通往一层，楼梯两侧利用升起装置设计成临时演讲厅的观览区（图 6.99）。一层平面中主要布置了阅读区、讨论区等功能（图 6.100）。二层平面是从室外地面开始的，利用建筑形态形成的坡道，从室外进入，并沿室内楼梯到达一层空间（图 6.101）。

张老师：整个建筑在三个楼层竖向空间的连续性以及室内外空间的通畅性方面做得都不错。但是平面图上存在一些细节问题，比如，地下一层平面图中的下沉庭院缺少家具布置，三个楼层的平面图中只有一层平面图有标高，其他的都没有，建筑维护的部分墙体与玻璃线型没有区分等问题。这些问题需要课下继续完善。

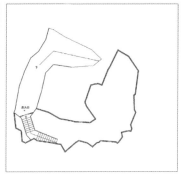

图 6.99   图 6.100   图 6.101

黄俊峰：接下来是建筑立面图（图 6.102~ 图 6.104）、剖面图（图 6.105）和
分层轴测图（图 6.106）。

张老师：立面图、剖面图都缺少比例尺和标高标注，立面图的地面线同样没
有表达出来。

图 6.102   图 6.103

图 6.104

图 6.105   图 6.106

黄俊峰： 下面是长方形建筑红线范围内的书吧建筑设计方案。还是先看一下平面图（图6.107~图6.109）。

张老师： 这个方案中缺少地下一层下沉庭院的空间设计，地下一层跟地面的空间连续性没有上一个方案好。其他问题在这两个方案中都比较相似。

图 6.107

图 6.108

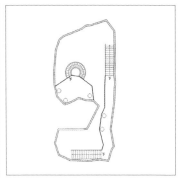

图 6.109

黄俊峰： 下面是建筑立面图（图6.110、图6.111）、剖面图（图6.112、图6.113）和轴测图（图6.114）。

张老师： 这些图中除了上个方案中出现的问题，还有一个问题就是剖面图中建筑外的围护结构和楼板被剖到的部分没有表达出结构厚度。

图 6.110

图 6.111

图 6.112

图 6.113

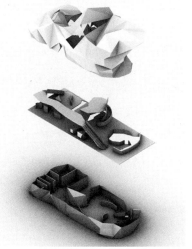

图 6.114

崔薰尹：这是长方形建筑红线范围内的书吧建筑设计方案。在这个方案中，地下一层空间包括地下庭院和室内空间两部分，建筑周边的人可以从室外地面通过楼梯直接到达地下庭院，再进入地下室内空间。室内空间主要用于新书展示功能（图6.115）。一层平面主要由阅览功能构成，室内有通往地下一层的楼梯，室外通过旋转楼梯到达二层讨论区（图6.116、图6.117）。

张老师：这个方案中地下庭院的设计不够开敞，目前来看是比较封闭的，这会影响到这个庭院的采光和可达性、舒适性。地下一层的室内空间同样比较独立，如果把室内空间做得再通畅、连续一些会更好。地下一层还有个问题，就是功能空间缺少组织，比如，连接地下一层与一层的直跑楼梯位于地下一层的新书展示区，但这里缺少一个交通缓冲空间。整个方案中地下一层与一层在空间上缺少竖向空间的连续性，应该做一些上下贯通的共享空间。还有个问题，图上所有楼梯的尺度都不合理，跟建筑空间比例不协调。

崔薰尹：下面是建筑剖面图（图6.118、图6.119）和分层轴测图（图6.120）。

张老师：从这几张图上看，建筑竖向空间的连续性、丰富性问题暴露得更明显了。另外，这两张剖面图存在一些细节问题，比如，被剖到的结构的线型表达得不准确，剖切符号在平面图上没有表达，缺少地面线等，需要进一步细化、修改。

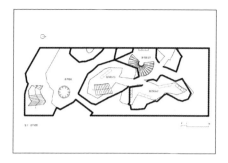

图 6.115

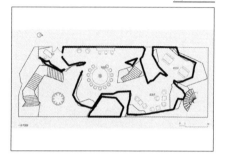

图 6.116

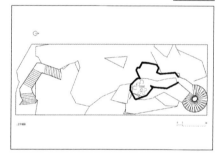

图 6.117

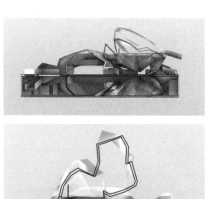
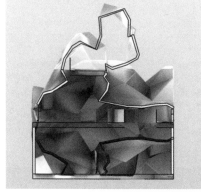
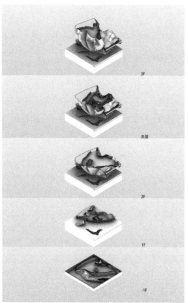

图 6.118、图 6.119   图 6.120

崔薰尹: 下面是方形建筑红线范围内的书吧建筑设计方案。先看一下平面图（图 6.121~图 6.124）。这个方案中，我想利用形态的起伏，将建筑主入口放在二层，利用室外楼梯让人直接通往二层空间，然后从二层空间下到一层空间和地下一层。

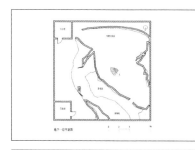
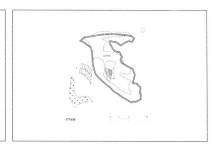
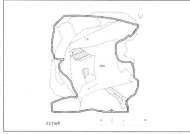

图 6.121～图 6.124

张老师：这个方案中，地下一层空间的丰富性不如上一个方案好。整个地下一层全部做成了室内空间，但有一些问题没有考虑全面，如地下一层的采光、舒适性、可达性等问题。但是这个方案中建筑竖向空间的连续性要比上一个方案好，楼层上下空间是连通的。

崔薰尹：下面是这个方案的剖面图（图6.125、图6.126）和分层轴测图（图6.127）。

张老师：从剖面图和分层轴测图上可以看出内部空间的丰富性。其他细节问题跟上一个方案类似，需要课后去修改。

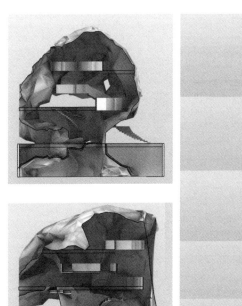

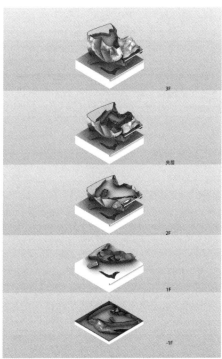

图 6.125、图 6.126   图 6.127

2. 问题浮现

书吧建筑设计方案的深化成果展示了同学们对各自建筑形态下功能性空间的进一步读解。通过对同学们方案深化的阶段性讲评，将同学们在设计中常出现的问题归结如下：

（1）在塑造建筑功能空间的形态方面，将建筑形态的平面投影线作为辅助线的练习不足。这一方面的练习对功能空间与自由形态空间的融合具有重要作用，需要同学们进一步实践。

（2）对地下空间的考虑不够深入。同学们习惯性地认为地下空间通常是作为附属空间存在的，因此在处理地下空间的丰富性、可达性、舒适性的问题上考虑得不够深入。

（3）对地下一层下沉庭院的空间设计不够重视。这个空间的设计在同学们的方案中并未体现出空间"积极性"的一面，在舒适性、可达性等方面存在诸多问题。在同学们的方案中，这一空间多被作为消极空间来处理，未得到足够重视。

（4）功能空间与形态空间的融合问题犹存。这个问题主要反映在同学们利用形态在平面图上的投影线来作功能空间的边界线方面。

（5）建筑竖向空间的丰富性不够。有几位同学对不同楼层的竖向空间的处理不够丰富，没有充分、灵活地应用起上下连通作用的共享空间。

（6）建筑维护结构的闭合不够。这个问题在平面图中反映得尤为突出，同学们对复杂建筑形态边界的处理不够细致，这一现象暴露出同学们对建筑空间细部推敲不够的问题。

（7）图纸表达对细节不够重视。这个问题属于专业素养的基本问题，需要在长期训练中严格要求自己，这样才能逐步改进。

第七章

综合优化

7

在方案深化的基础上，针对二年级建筑学专业学生在基本专业素养方面的特点，本次训练要求同学们将两个书吧建筑方案以图纸方式（要求统一用 A1 图纸）完整地表达出来，其目的是对之前方案的综合优化。

1. 图上演绎

王昀老师对同学们的方案图纸进行了综合讲评，包括建筑方案设计、图纸表达、图面排版、细节完善等方面。

王老师：刚才浏览了一下同学们的图纸，我个人感觉比上学期（大一下学期）有了很大的进步。整张图粗略一看还可以，但仔细看的话依然存在一些细节问题，比如，这张图上字的大小与其在整张图纸中的比例不够协调（图 7.1），这样造成的结果是给人感觉整体不够讲究，这其实也反映出了同学们的专业素养，希望同学们引以为戒。另外，这些平面图上的家具表达得不够细致，经不住推敲（图 7.2）。

图 7.1   图 7.2

从这张建筑室外效果图上看(图7.3),楼梯斜梁的下边缘不应该做成锯齿状的,这种琐碎的细节在整体中显得过于突兀。这个位置的楼板"撞"出了形态表面,显得细节有些粗糙(图7.4)。

王老师：这个立面图上的竖条形表示建筑的什么构造（图7.5）？

张树鑫：这是一个建筑次入口。

王老师：这个问题说明这个立面图的表现层次不够清晰。

王老师：这个方案用"玺册"作为设计形态的灵感起点,有一定的合理性。因为从概念生成分析图看,从具象原型到最后的形态,这个抽象过程感觉是合理的（图7.6）。但是对比来看,旁边这个方案对"时之卷轴"的抽象过程就不够合理了(图7.7)。同学们在进行观念赋予时应当考虑形态抽象的合理性。

图 7.3

图 7.4

图 7.5

图 7.6、图 7.7

王老师：目前，这张剖面图上的楼板和外部形态是直接碰撞的（图7.8），这样的细节处理不够巧妙。我们在前面的训练过程中强调了空间形态退让这个设计要点，然而这个方法在这个位置的设计中体现得不够。这个位置的楼板完全可以往后退让一些，使竖向空间形成上下透气的缝隙，那样空间效果会更好。这张立面图上的玻璃形态是你自己添加的设计吗（图7.9）？

张树鑫：是的。

王老师：这个立面中玻璃的问题是其自身构成的形态与整个建筑形态不够协调，存在一定的冲突。

张树鑫：这个立面是被建筑红线切削的一面，我感觉太单调，所以想用玻璃幕墙丰富一下立面。

王老师：你的这种设计初衷没问题，但是设计手法不够巧妙。这个面虽然被切削了，但是可以利用未被切削的形态在这个面上的投影线作辅助线，进行立面划分，然后沿这些辅助线划分玻璃幕墙，这样的设计结果跟整个建筑形态会更加协调。

图 7.8、图 7.9

王老师：从图面效果看，这两位同学的图面表现风格太过一致，这其实不是我们这次训练想看到的一种结果，因为同学们的个性被掩盖了。同学们可以相互学习，但学习是为了将他人的东西转化成自己的东西，而不是拿来直接引用，这不是理想的学习方式（图7.10）。

从这张建筑室外效果图看，建筑形态在区分面与面的分界时用到了线，但问题在于这些面的分界线削弱了建筑形态的雕塑感，因此建议把这些线去掉，用光影变化去塑造建筑形态，从而区分这些分界面（图7.11）。

在这张建筑总平面图中，主体建筑的色调不是太理想，导致它在总平面图中没有被强调出来，这是比较失败之处，需要课后去修改（图7.12）。同样是这张建筑总平面图，其反映出来的另一个比较突出的问题是，建筑周边环境表达得不够细致，比如，周边道路等环境信息没有表达出来。

图 7.10   图 7.11   图 7.12

王老师： 在这个方案中，建筑总平面图的问题是图的比例太大，导致周边环境信息在整张图上缺失，与前面建筑总平面图对比来看的话，这个问题尤为明显（图7.13）。上面这张建筑室外效果图的问题在于，周边环境信息表达不完善，建筑尺度、道路、景观等信息都没有表达出来（图7.14）。建筑效果图一定要能表现出建筑氛围，目前从图上看，效果图里缺少建筑氛围，需要课下继续去完善。

这张建筑平面图反映出来的功能空间与形态空间的融合还是不够紧密，目前仍然存在一定的冲突（图7.15），比如，平面图上的圆形平面空间与不规则建筑形态明显不太协调，没有体现出之前我们在训练中强调的，用建筑形态在平面图上的投影线作辅助线来划分空间这一方法。

在这张剖面图中，地下一层底板被剖到的部分没有表达出来（图7.16）。建筑效果图其实完全可以用剖面图或者剖透视图来替代，如果这些图处理好了，在表达建筑空间效果方面同样会是出彩的（图7.17）。

平面图里的楼梯布置同样存在与建筑形态空间不协调的问题，在布置楼梯时也应该参照建筑形态投影在平面图上的辅助线，这样才能尽可能地使楼梯与建筑形态空间更好地融合（图7.18）。

图 7.13　　　　　　　　　　　　　　图 7.14

图 7.15　　　　　　　　　　　　　　图 7.16

图 7.17　　　　　　　　　　　　　　图 7.18

王老师： 从这张图上看，设计理念的标题有些大了（图 7.19）。这就涉及版面设计的问题了，同学们在排版时应该在纸面上打上网格辅助线，将纸面上的所有文字、图形都按照这些辅助线放置，这样才能保证内容比例协调，疏密有致，版面形式比较好看。

左上角中间部分的分析图从版面构图上看没必要放这么大，可以小一些，只要能把分析的问题表达清楚就好（图 7.20）。这些分析图的问题在于版面效果没有突出旁边总平面图的重要性。对于版面问题，还须注意的是图形、文字的对位关系，处理不当的话会显得图面不够紧凑，比如，左边这张剖透视图与中间的这些小图（图 7.21）。这张剖透视图两侧的环境信息没有表达完整，从图面看像是被裁掉了，尤其是左侧底部的下沉庭院似乎没有表达完整，目前的这种效果不是太理想（图 7.22）。

平面图里的所有家具都应该沿着建筑形态在平面图上投射的辅助线来布置，这样家具跟整个建筑空间才能有机地融合在一起，这与布置楼梯和功能空间墙体的处理方法是一样的（图7.23）。所以说，同学们的设计只是完成了功能空间与形态空间的初步融合，至于进一步的深化还应该按照刚才讲的方法去修改。

图 7.19

图 7.20

图 7.21

图 7.22

图 7.23

马司琪：这是我的长方形建筑红线范围内的书吧设计方案。

王老师：这个方案的图面表达效果跟上一个方案很接近（图7.24）。我想跟同学们说，两个方案可以尝试不同的表现风格，突出不同方案的设计风格。在这个方案中，一个明显的问题是地下空间的形式问题（图7.25）。前面讲过，地下空间的设计方法是按照建筑形态沿地面镜像后的空间进行设计，里面的功能空间也是将形态内部的投影线作为辅助线进行设计的。目前这里的地下一层是一个矩形体量空间，这样的空间形态与外部自由的建筑形态风格不够统一。

王老师：同学们看一下崔薰尹的这张方案平面图（图7.26）。这位同学在处理建筑内部功能空间时是按照建筑形态肌理线投影在平面图上的辅助线来布置的，这样建筑功能空间就跟形态空间的肌理融合在一起了。这个方案是值得同学们学习和借鉴的。但是，这张平面图中存在一个小问题，即平面图右下角的旋转楼梯的尺度有些大，跟整个建筑尺度不协调（图7.27），平面图左边的树冠尺度也存在同样的问题（图7.28）。另外，整个方案图上还有一些小问题，比如，这些剖面图没有标注图名（图7.29），与之对应的平面图中没有标注剖切位置，因此目前我们在读图的时候，不清楚这些剖面图对应的建筑空间形态。还有，图面底端的这四张建筑立面图的位置太靠近图纸边线了，应该留出一定的空隙（图7.30）。这些小问题需要这位同学课下再去修改、完善。

王老师：这张方案平面图中的楼梯尺度也是有些偏大，跟整个建筑空间比例不协调（图7.31），可以小一些。建筑内部功能空间的处理与建筑形态空间的肌理融合得不错，基本上是按照前面讲的形态"辅助线"的方法去划分的。图面上同样存在一些小问题，可能是因为时间有限，这里剖面图的地面线居然把整个建筑的内部空间贯通了（图7.32），这些小问题需要去修改。

设计城市书吧时，同学们需要了解现代人对书吧空间的需求，它不只是满足人们读书需求这一基本功能的场所，更是人们的休闲场所，因此内部空间一定要丰富起来。因为随着电子书的发展，实体书店面临的生存压力会越来越大，所以城市书吧一定要有丰富的空间才能吸引人。

图 7.24

图 7.25

图 7.26

图 7.27

图 7.28

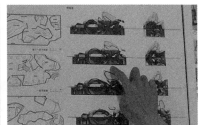

图 7.29

图 7.30

图 7.31

图 7.32

王老师： 这两个方案（图 7.33）就效果图而言，背景环境太具象了，由于主体建筑的风格较为抽象，这样的背景会造成整个建筑效果图的风格不协调。再加上背景建筑的尺度跟主体建筑尺度不一致，更突出了这种不协调性。另外，效果图中前景的草地、建筑材质等也都过于具象，导致主体建筑失真。因此，在效果图的制作上，这位同学还需要去提高。

图面下部这两张建筑立面图的背景风格不错，但是背景图上的这些笔触跟主体建筑风格又不够协调（图 7.34）。

这张剖面图（图 7.35）地面以下的土层表达得不准确，从图面效果看，地面以下的部分被表现为箱体空间了，会给人造成一定的误解。上面这张建筑效果图（图 7.36）的问题同样是建筑背景以及配景信息太过具象，还有配景比例太大，造成主体建筑尺度失真，比如，这把休闲椅的比例就不够协调。这两个方案的效果图存在这些共性问题的原因在于你没有把主体建筑的空间表现出来，结果导致效果图变成了画作，这是症结所在。

王老师： 谢安童同学的这两个书吧方案，从图面表现风格来看，各自具有不同的特点，一个以蓝色调为主，另一个则以灰色调为主，特点鲜明，这是值得其他同学学习的（图 7.37）。从建筑形态来看，一个是板片解构的形态，另一个是圆滑壳体，这两种不同形态的设计相对而言是比较全面的。但是，细节方面依然存在一定的问题，比如，这个圆滑形态的方案的平面图里，楼梯、家具的布置可以按照形态投影线的肌理再修改一下，目前这些构件布置跟形态空间肌理融合得还不够紧密（图 7.38）。在这张效果图中，直跑楼梯底板的厚度表达的尺度不对，从图上看有些厚了（图 7.39）。

王老师： 小姜同学（姜恬恬）的方案图效果相较于之前课上展示的过程模型显得有些"文弱"，没有把这个书吧建筑应有的丰富的建筑空间表现出来（图 7.40、图 7.41）。其实下面这张图（图 7.41）左右两侧的剖面图呈现出的空间效果是十分丰富的，但你把这些图缩成这么小之后（图 7.42），它们所承载的丰富的空间信息就被掩盖了，无法充分地展示出来了。地下一层平面的室外庭院设计得不够巧妙，应该利用通往室外地面一层的直跑楼梯来增强空间的可达性，让人们可以直接下到这个庭院中来（图 7.43）。

图 7.33、图 7.34

图 7.35、图 7.36

图 7.37～图 7.39

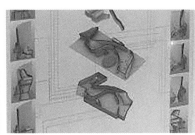

图 7.40、图 7.41

图 7.42、图 7.43

王老师：边上这个方案的效果图（图7.44）比较失败，问题同样在于它没有把建筑的精彩空间形态表现出来，用这么大的版面放一张室内效果图是不妥当的。

下面这几个方案概念分析图（图7.45）画得不错，虽然只有简单几笔，但是线条把建筑形态的演变过程传达得很清楚。看完小姜同学的两个方案后，整体感觉是排版不错，但想要表达的主题不够清晰。我们的方案设计图要表达的主题是建筑空间和形态，如果丢掉这个主题，那么方案图很有可能会变为装饰画，这是同学们需要注意的。

王老师：张琦同学的这两张方案效果图（图7.46）中的建筑背景同样有过于具象的问题，建筑背景的细节太多，没有把主体建筑衬托出来。在平面图（图7.47）中，这个楼梯的宽度太大，其尺度跟整个建筑室内空间不协调。再者，这个楼梯的形式可以改成沿外墙布置的直跑楼梯，这样对展现内部空间更有利。右下角的室内效果图（图7.48）的蓝色玻璃颜色太深了，把室内空间氛围都聚焦到这个色彩本身，而没有烘托出应有的空间氛围。建筑总平面图（图7.49）的表现有些粗糙，一方面，主体建筑不够突出，另一方面，周边环境信息表达不完整，比如，缺少周边道路、建筑层数、景观等信息。

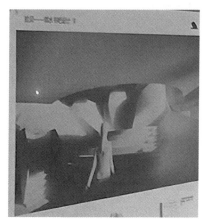

图 7.44、图 7.45

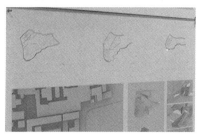

图 7.46、图 7.47

图 7.48   图 7.49

2. 改进与要求

针对以上方案图纸暴露出来的问题，王昀老师在讲评结束后进行了梳理、总结，并提出了相应的改进方法和更高的要求。

王老师：看完同学们的方案，我感觉相比之前的训练，有些方案要好很多，不但建筑空间得到了更好的呈现，而且图面表现使整个方案表达得更加完整了。但是，也有些同学的方案通过图面来看不如之前训练中的效果，原因是表现图把建筑空间应有的丰富的空间效果给掩盖了，图纸变成了建筑装饰画，表现建筑空间和形态的主题丢失了，因此效果大打折扣。

再者就是建筑内部功能空间和形态空间存在融合的问题。同学们在布置功能空间的时候，一定要将形态自身的肌理在平面上的投影线作为辅助线进行空间划分，只有这样才能将功能空间和形态空间有机地融合在一起。对于主体建筑周边的场地设计，这种方法同样适用。在场地规划设计时，同学们可以把建筑形态肌理的投影线放长，布满场地，然后将这些投影线作为辅助线进行相应的设计，这样才能使建筑与场地形式的风格一致。

同学们这次只是展示了图纸部分，没有把方案动画和模型展示出来，因此，方案展示是不够充分的，尤其是建筑内部空间，仅凭图纸是不能展示其丰富性的，更无法呈现出空间氛围，这两方面尤其需要通过动画和模型来展示，希望同学们下次能够一并展示出来。

最后还有图纸排版的疏密问题，有几位同学的图纸排版不够紧凑，需要同学们课下去完善。

第八章

最终呈现

每位同学在为期 4 周的方案设计训练中完成了两个不同场地内的"书吧建筑设计方案"。以下是参与本次教学训练的 2018 级 ADA 建筑实验班的部分建筑方案设计成果，供读者评阅。

马司琪同学临水书吧建筑设计方案

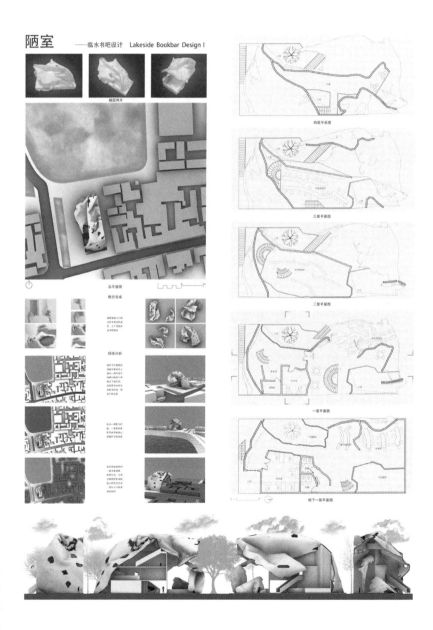

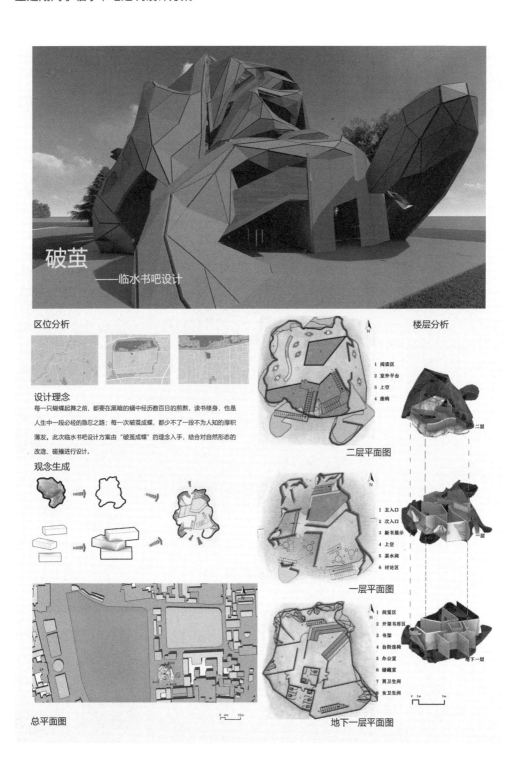

破茧
——临水书吧设计

区位分析

设计理念

每一只蝴蝶起舞之前，都要在黑暗的蛹中经历数百日的煎熬，读书修身，也是人生中一段必经的隐忍之路；每一次破茧成蝶，都少不了一段不为人知的厚积薄发。此次临水书吧设计方案由"破茧成蝶"的理念入手，结合对自然形态的改造、破撞进行设计。

观念生成

总平面图

0 4m   16m

楼层分析

二层平面图

1 阅读区
2 室外平台
3 上空
4 座椅

二层

一层平面图

1 主入口
2 次入口
3 新书展示
4 上空
5 茶水间
6 讨论区

一层

地下一层平面图

1 阅览区
2 开架书库区
3 书架
4 台阶座椅
5 办公室
6 储藏室
7 男卫生间
8 女卫生间

地下一层

0 5m

176

破茧

——临水书吧设计

剖透视图

功能分区

阅读空间
交流空间
展示空间
服务空间

西立面图

南立面图

流线分析

工作人员

游览者

二层室外平台

二层阅读区

空间感受

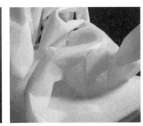

刘哲淇同学临水书吧建筑设计方案

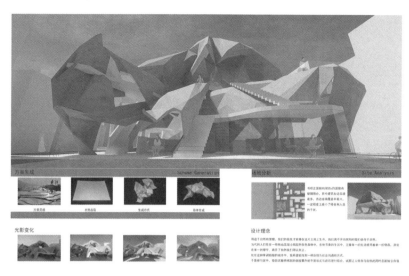

方案生成　　　　　　　　　　　　　　Scheme Generation　　　场地分析　　　　　　　　　　　Site Analysis

方案灵感　　材料选取　　生成方式　　　　陈排生成

书吧正面朝向架在四面都有玻璃结合，其中建筑东边北墙最多，热点玻璃墙最丰富，一定程度上减少个个暗会纳入造的干扰。

光影变化

设计理念

场处于自然的深褐，我们的祖先才能够存这片土地上生存，他们离不开自然和的我们传存于自然。

当代的人们想要一种转角混凝土和起到灰色基础中，在快节奏的生活中，注重单一的生活里着单一的特色，游说走进一处理中，离开了自然我们得已自立。

同步这种事调和样的城市中，我们希望到另一种自然生与社会沟通相的方式。

于是停行方案中，我们试着看将模型的象观看外初年形与形式与形相结合，或图让人体身与自然的风阶形总描绘立自我

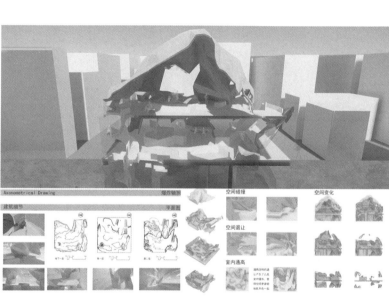

Axonometrical Drawing　　　　爆炸轴测　　空间硬撞　　　　　空间变化

建筑细节　　　　　　　　　平面图　　　空间退让

室内通高

178

黄俊峰同学临水书吧建筑设计方案

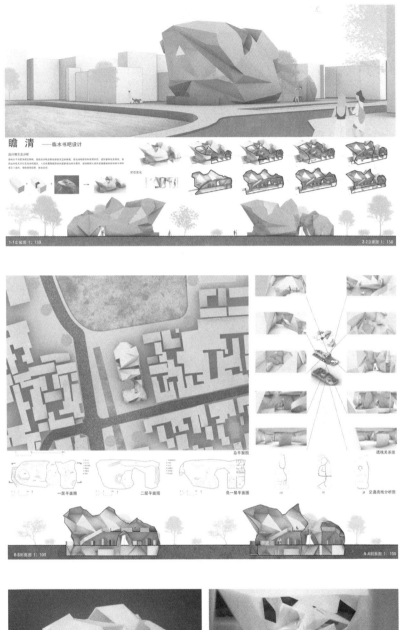

张琦同学临水书吧建筑设计方案

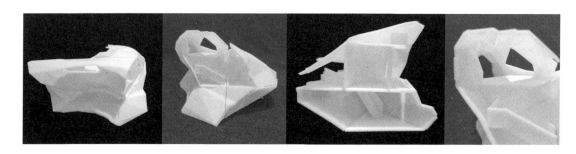

张树鑫同学临水书吧建筑设计方案

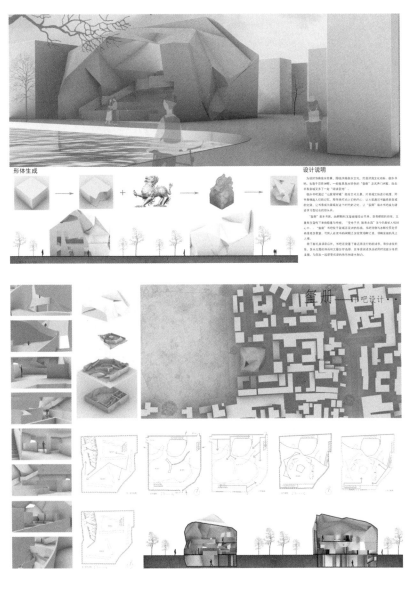

姜恬恬同学临水书吧建筑设计方案

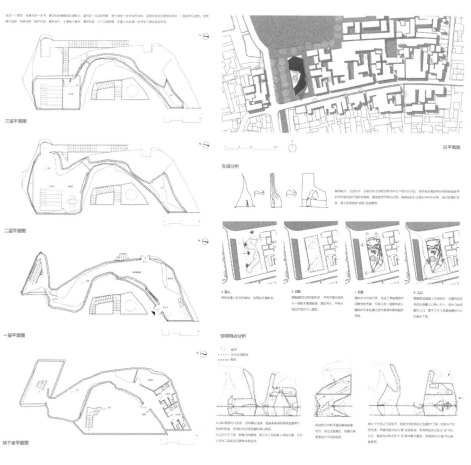

三层平面图

二层平面图

一层平面图

地下室平面图

总平面图

生成分析

空间特点分析

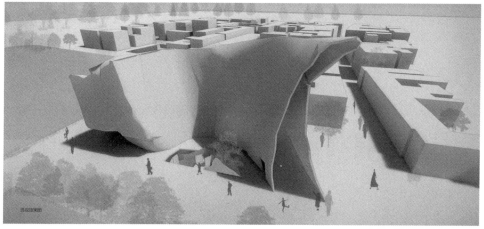

实现效果图

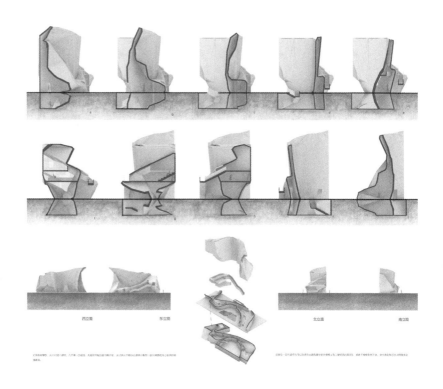

西立面 东立面   北立面 南立面

崔薰尹同学临水书吧建筑设计方案

概念分析

　　基地位于历史底蕴丰厚的老街区，一面面向湖面，为获得视线与湖面的充分呼应，建筑西立面采用玻璃幕墙，以此获得"守得云开见月明"的感开阔。建筑也因此得名为书之镜，同时又寓意从书中领悟智慧，并将其中精华作为生活的一面镜子，不断反思升华,同时"镜"又谐音"静"和"境"，象征人们通过在书吧的学习，在快速变化的工业化社会有沉静的内心和追求超凡的境界。

总平面

  clam down

平面图

地下一层平面　　　　一层平面　　　　二层平面　　　　夹层平面　　　　三层平面

立面图

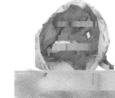  

西立面　　　　东立面　　　　南立面　　　　北立面

轴测与内部空间

节点透视分析

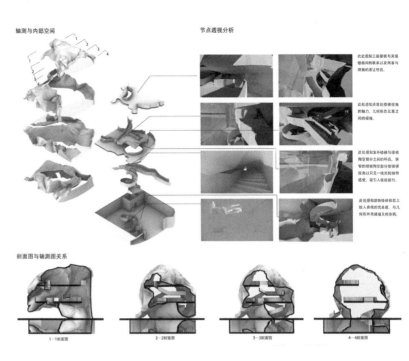

此处感知三层楼板与夹层
楼板间的联系以及两者的
谦让的退让呼应。

此处感知夹层处楼梯视角
的魅力，几何形态无束之
间的碰撞。

此处感知室外楼梯与楼板
陶空部分之间的呼应，狭
窄的楼板陶空部分给楼梯
视角以只见一线光的独特
感受，吸引人继续前行。

此处感知玻璃转临碎碗党上
铝人曲线的优美感，与几
何形外壳碰撞又相协调。

剖面图与轴测图关系

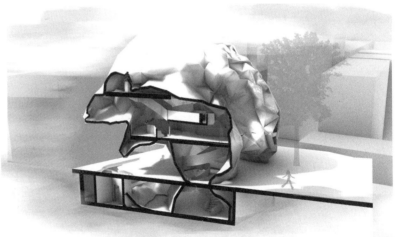

1—1剖面图   2—2剖面图   3—3剖面图   4—4剖面图

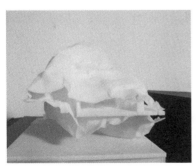

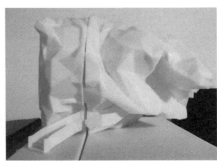

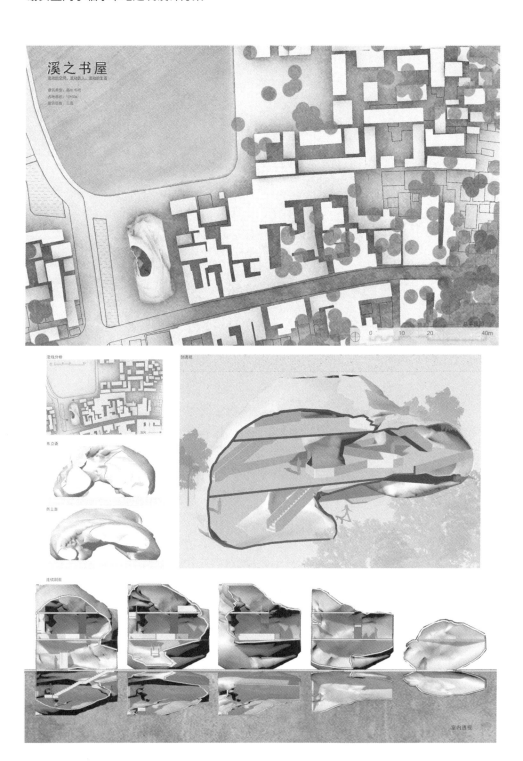

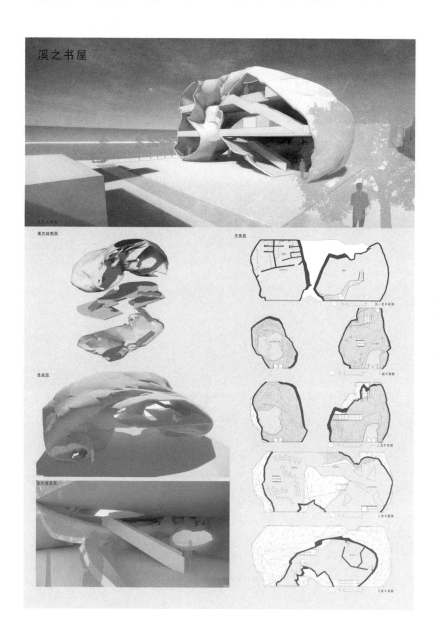

溪之书屋

附录

按照"形态与观念赋予"建筑设计教学法，山东建筑大学建筑城规学院 2019 级 ADA 建筑实验班（大一）的 15 位同学①，在开学第一学期后 8 周的学习中接受了这一教学法的训练。每位同学在 8 周的学习中，同样需要完成 4 个建筑设计方案，包括 2 个方案练习和 2 个书吧方案设计。

以下是同学们的部分设计方案，供读者评阅。

1. 方案练习成果

石丰硕同学博物馆建筑设计方案

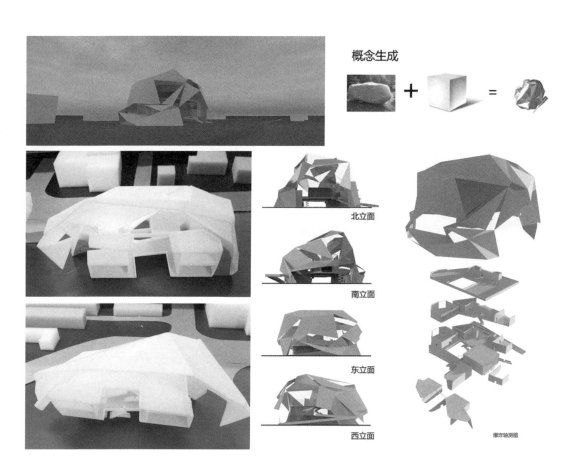

概念生成

北立面

南立面

东立面

西立面

爆炸轴测图

① 这 15 位同学来自建筑城规学院建筑 191 班，其学号均为偶数。该教学训练选择教学对象的方式较为随机，未进行任何特别的考察，以保证教学实验的真实性、可操作性。

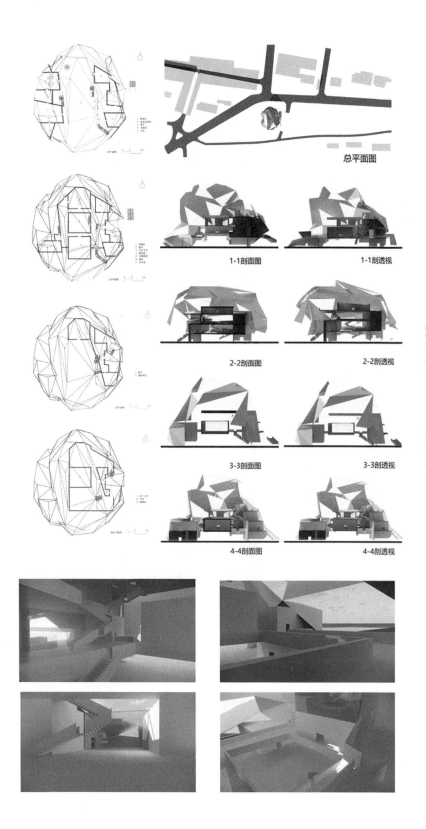

总平面图

1-1剖面图　　　　　　　　1-1剖透视

2-2剖面图　　　　　　　　2-2剖透视

3-3剖面图　　　　　　　　3-3剖透视

4-4剖面图　　　　　　　　4-4剖透视

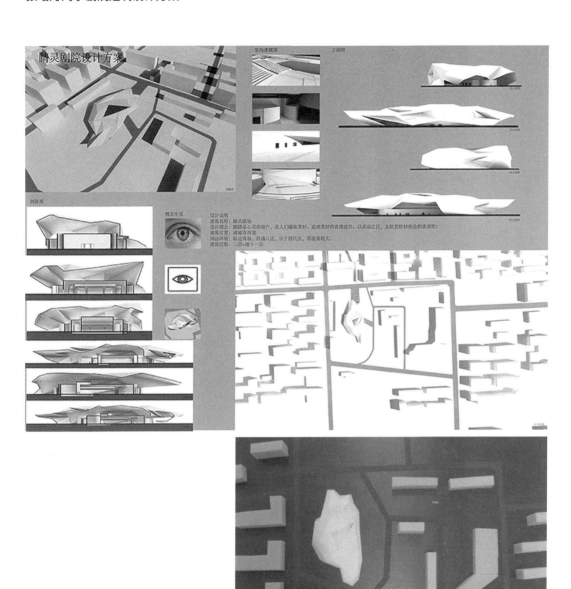

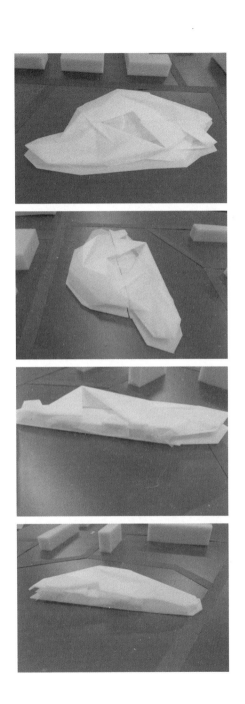

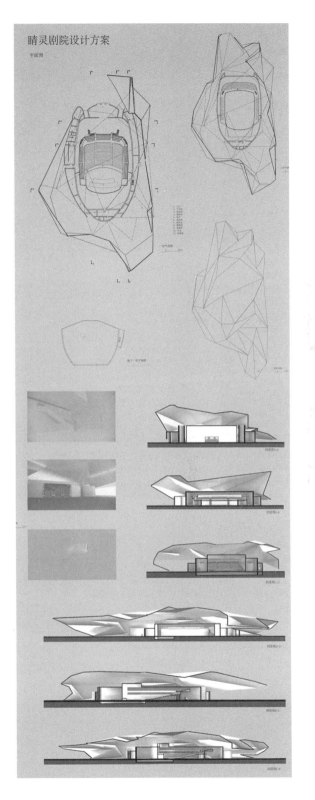

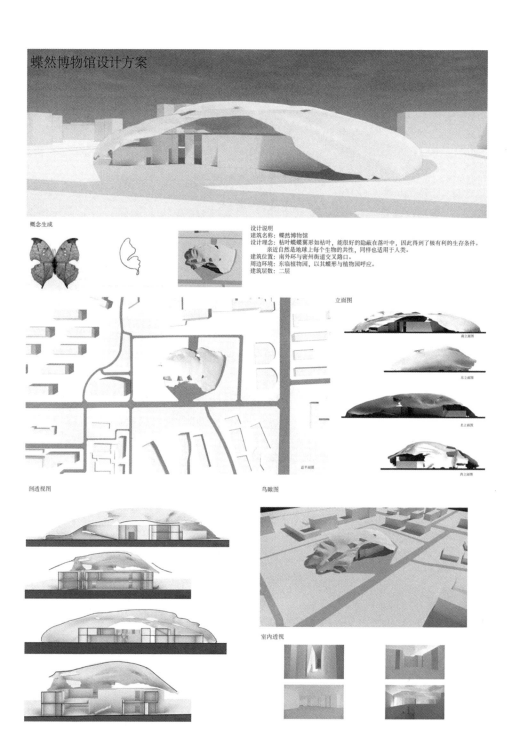

蝶然博物馆设计方案

概念生成

设计说明
建筑名称：蝶然博物馆
设计理念：枯叶蝶蝶翼形如枯叶，能很好的隐藏在落叶中，因此得到了极有利的生存条件。
亲近自然是地球上每个生物的共性，同样也适用于人类。
建筑位置：南外环与密州街道交叉路口。
周边环境：东临植物园，以其蝶形与植物园呼应。
建筑层数：二层

立面图

剖透视图

鸟瞰图

室内透视

蝶然博物馆设计方案

平面图

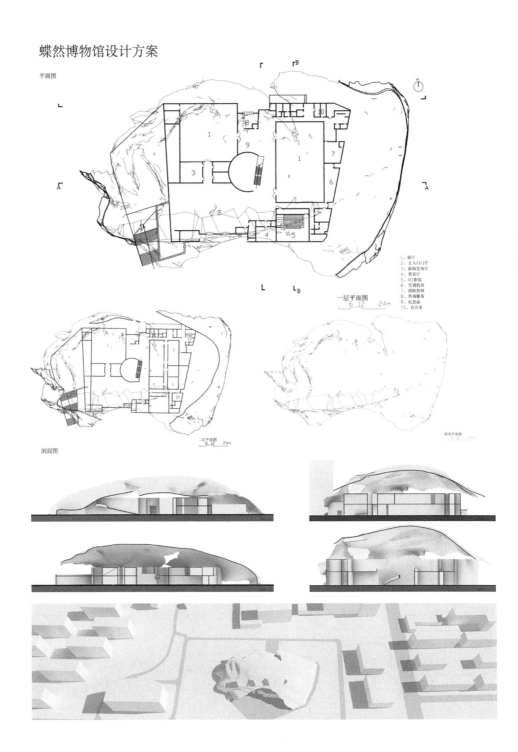

一层平面图
0 6 12 24m

1、展厅
2、主入口门厅
3、新闻发布厅
4、售票厅
5、4D影院
6、空调机房
7、消防控制
8、咨询服务
9、纪念品
10、办公室

二层平面图
0 6 12 24m

屋顶平面图

剖面图

李凡同学歌剧院建筑设计方案

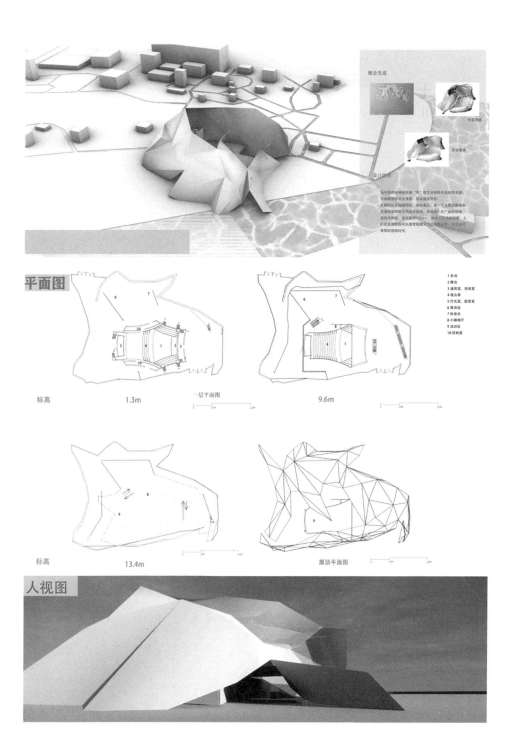

概念生成

形态演变

设计说明

平面图

标高   1.3m   一层平面图   9.6m

1 乐池
2 舞台
3 道具室、修改室
4 观众厅
5 灯光室、配音室
6 售票处
7 休息区
8 小咖啡厅
9 活动区
10 控制室

标高   13.4m   屋顶平面图

人视图

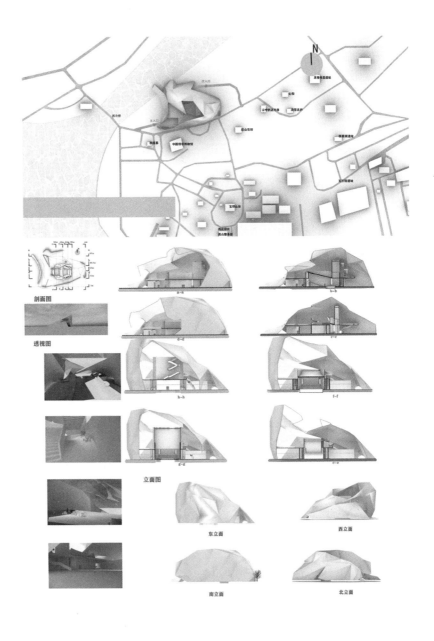

剖面图

透视图

立面图

a-a

b-b

d-d

c-c

h-h

f-f

g-g

d-d

东立面

西立面

南立面

北立面

宁思源同学美术馆建筑设计方案

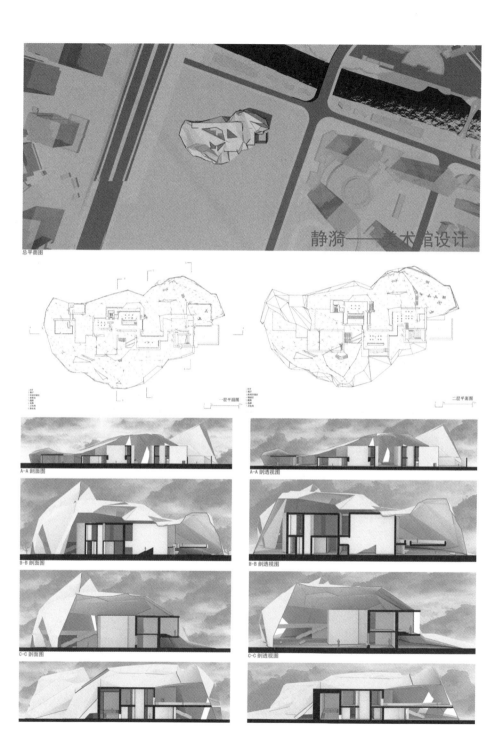

总平面图

静漪——美术馆设计

一层平面图

二层平面图

A-A 剖面图

A-A 剖透视图

B-B 剖面图

B-B 剖透视图

C-C 剖面图

C-C 剖透视图

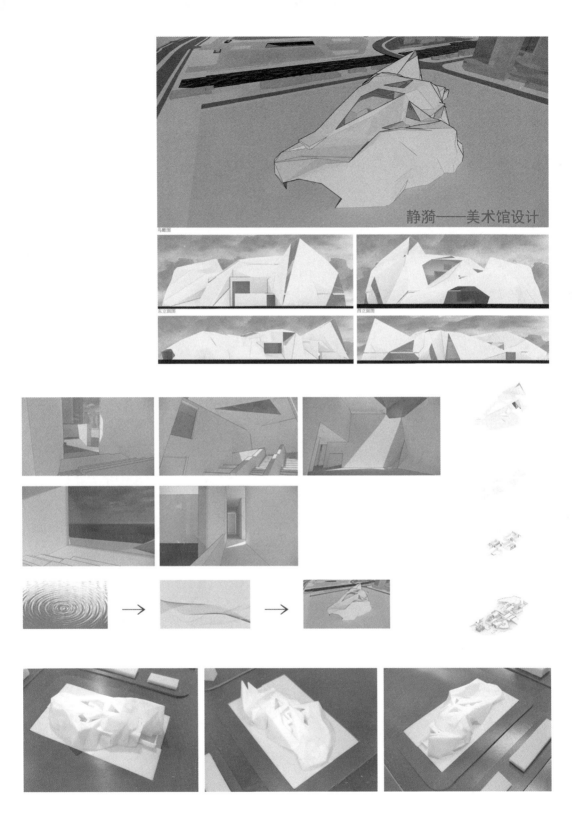

静漪——美术馆设计

马瞰图

东立面图

西立面图

鸟瞰图

概念生成

建筑形体来源于晶体，通过抽象化晶体，赋予建筑通透的概念。

设计说明

建筑名称：明澈矿石博物馆

设计理念：建筑形体来源于水晶矿石，为了达到如水晶一般通透，建筑设计了许多的玻璃幕墙，以达到理想的采光效果。

建筑位置：在近郊的大型社区中。

周边环境：周围是居民区和商业街。

建筑层数：三层

建筑面积：4000平方米

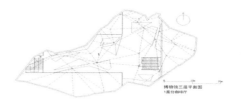

0 5 　20m 剖面图1

0 5 　20m 剖面图2

0 5 　20m 剖面图3

0 5 　20m 剖面图4

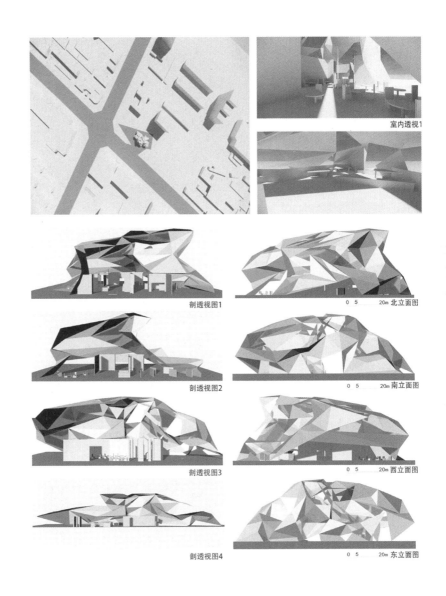

室内透视1

剖透视图1

0 5 20m 北立面图

剖透视图2

0 5 20m 南立面图

剖透视图3

0 5 20m 西立面图

剖透视图4

0 5 20m 东立面图

效果图

设计说明

　　本方案设计另案来自汉字艺，经过抽象，提取出更为具有流动性的形体作为建筑外墙。
　　同时戏剧也是艺术的一种重要形式，以此来设计剧院，也为表达戏剧与艺术的联系。

概念生成

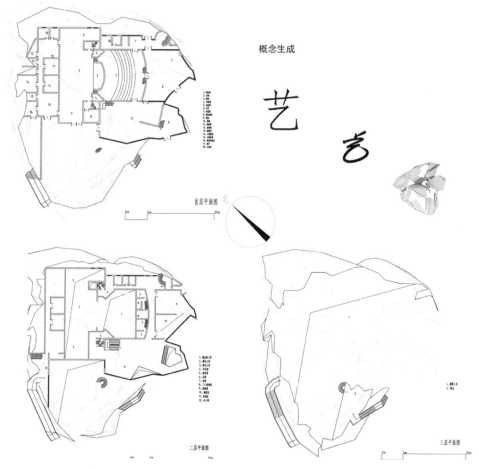

首层平面图

二层平面图

三层平面图

北立面图

室内透视图 1

东立面图

南立面图

室内透视图 2

西立面图

剖面图 1-1

剖面图 1-2

剖面图 2-1

剖透视图 1-1

剖透视图 1-2

剖透视图 2-1

总平面图

剖面图 2-2

剖透视图 2-2

分层图

2. 方案设计成果

石丰硕同学临水书吧建筑设计方案

概念生成

 + □ = ◇

设计理念

凪，风平浪静的意思； "凪暇" 寓意为风平浪静的闲暇。
在如今快节奏的信息时代中，凪暇书屋本着营造轻松祥和
的氛围的初衷，为求人们提供一处平静内心，找回自我的
场所。于凪暇书屋肆意阅读，享受少有的风平浪静的闲暇。

建筑环境与位置

位于城市中心区，人口多，且流动人口数量大，交通便利
建筑临水，景色优美。

周围多为低矮的单层建筑，，拥有一定量的绿化，拥有优
美的，自然风光。

鸟瞰图1　　　　鸟瞰图2

总平面图

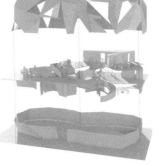

爆炸轴测图

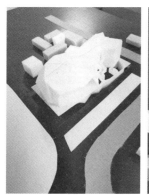 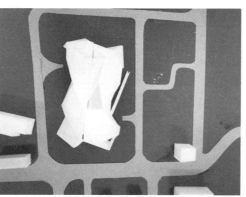 

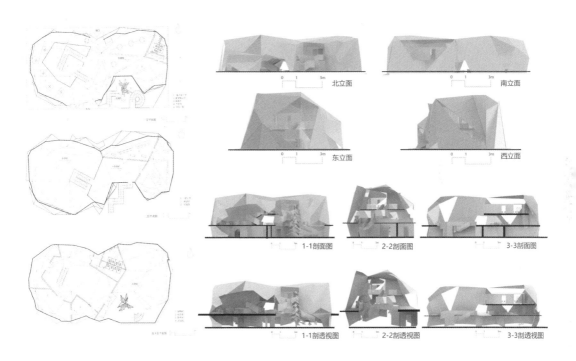

北立面

南立面

东立面

西立面

1-1剖面图

2-2剖面图

3-3剖面图

1-1剖透视图

2-2剖透视图

3-3剖透视图

室内图1

室内图3

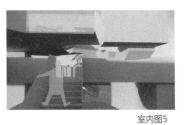

室内图5

初馨蓓同学临水书吧建筑设计方案

鸟瞰图

室内细节图

方案生成

贝·书吧

设计理念

形态取自海滩上的一枚贝壳。建筑的整体风格简约清新，与贝壳的洁净相呼应。

该建筑位于市区，邻水，地上两层，地下一层，总建筑面积约450㎡。

总平面图

北立面图

东立面图

南立面图

西立面图

屋顶平面图

剖面图

A1-A2剖面图

B1-B2剖面图

C1-C2剖面图

D1-D2剖面图

E1-E2剖透视图

F1-F2剖透视图

G1-G2剖透视图

H1-H2剖透视图

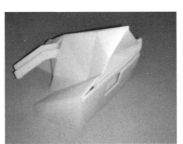

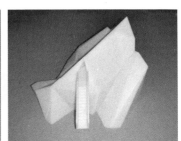

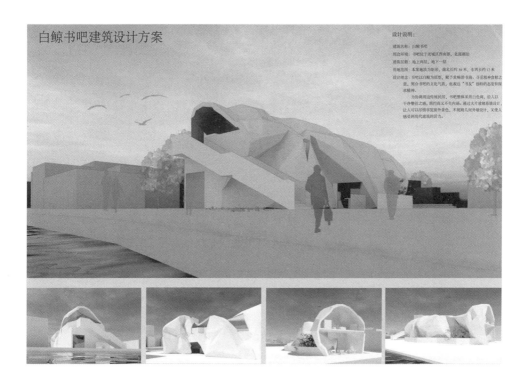

白鯨书吧建筑设计方案

设计说明:

建筑名称:白鲸书吧

周边环境:书吧位于老城区西南部,北面湖泊

建筑层数:地上两层,地下一层

用地范围:本案地块为原址,南北长约30米,东西长约17米

设计理念:书吧以白鲸为原型,赋予其畅游书海,寻是精神食粮之意,契合书吧的文化气质,也表达"书友"们独特的态度和探求精神。
为协调周边传统民居,书吧整体采用白色调,给人以干净整洁之感,简约而又不失内涵。通过大开式玻璃幕墙设计,让人可以畅享窥探外景色,不观阅几何外墙设计,又使人感受到现代建筑的活力。

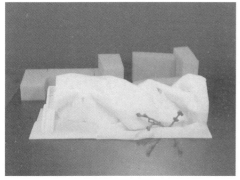

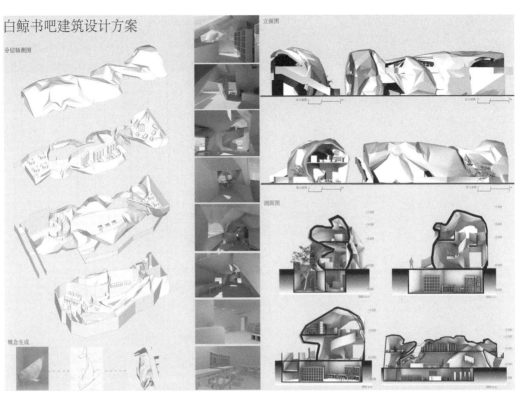

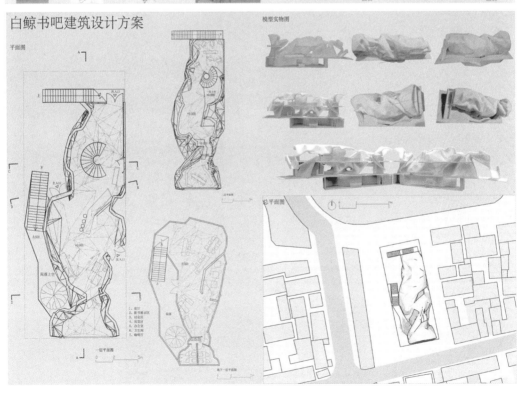

崔晓涵同学临水书吧建筑设计方案

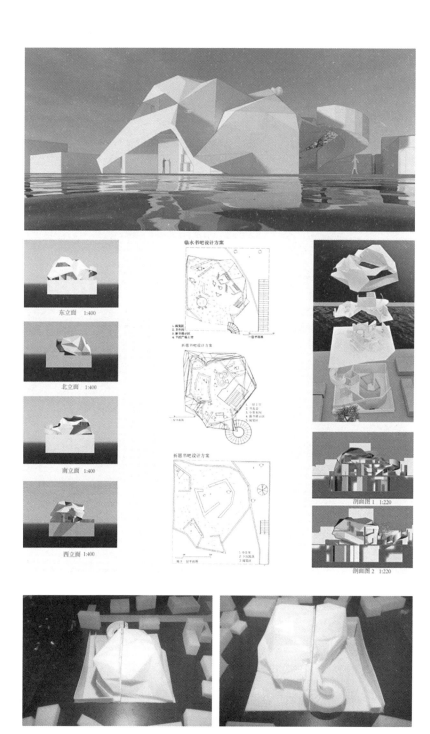

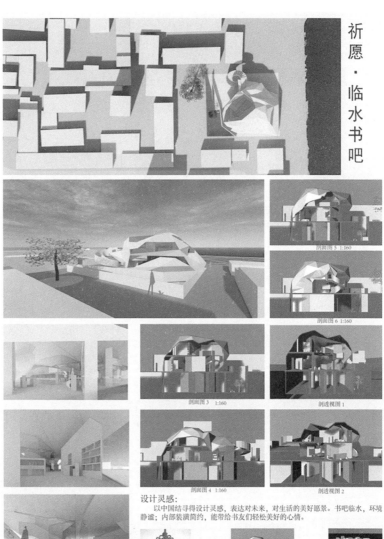

祈愿·临水书吧

设计灵感：
　　以中国结寻得设计灵感，表达对未来，对生活的美好愿景。书吧临水，环境静谧；内部装潢简约，能带给书友们轻松美好的心情。

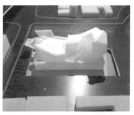

水凇之遇 临水书吧建筑设计方案

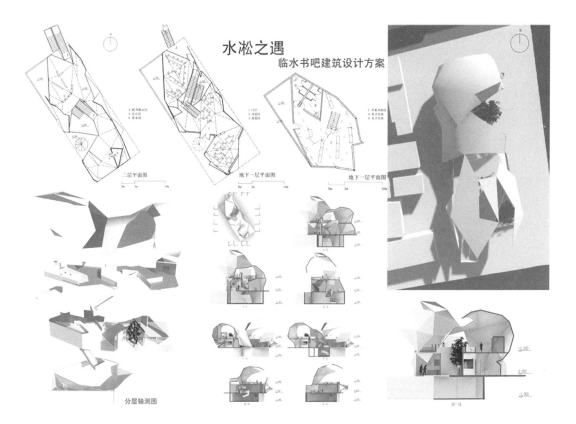

金奕天同学临水书吧建筑设计方案

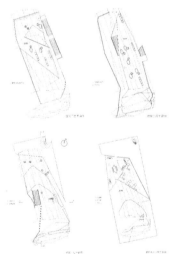

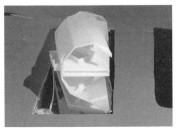

金色幻想
--临水书吧设计 II

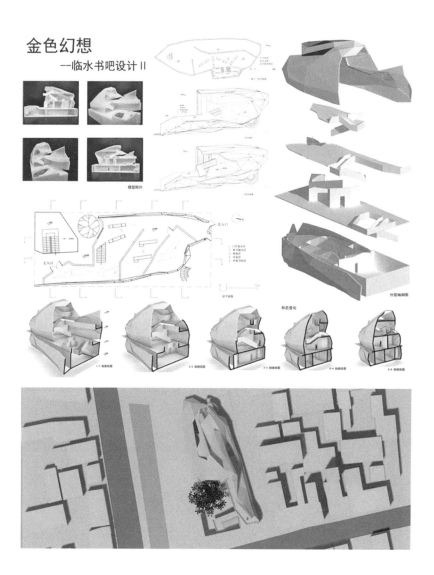

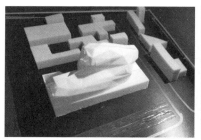

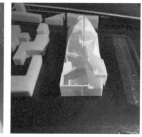

建筑类型：临水书吧
占地面积：1,976m²
建筑面积：地下一层、地上一层
建筑高度：16m

金色幻想·临水书吧设计Ⅰ

建筑灵感是来自小王子的"帽子"——绵帽吞噬大象的故作，随着年龄的递渐增长，人们开始被负起越来越多的负担，承受越来越多的压力，童年时的幻想与天真逐渐被现的心底，然而对生活的幻想和纯的热度也可被情情油然——

我们描述只能看和"帽子"的大人。

"小王子集回着希望、爱、天真无际和理没在我们每个人心底的纯子细的灵犀"，希望在这样的一个阅读空间内，人们可以用心去感受书中的世界，不被抑时生命的幻想。

串接空间的绵绵延成追以原则，搭建丰富空间，人们有机会选择自己所需的空间氛围，是一个宁静的阅读空间或是一个充满阳光的互动空间

光影变化

概念生成

室内透视

西立面图 1：150

南立面图 1：150

东立面图 1：150

北立面图 1：150

建筑细部

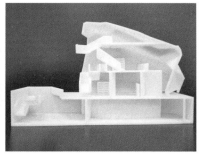

罐·临水书吧

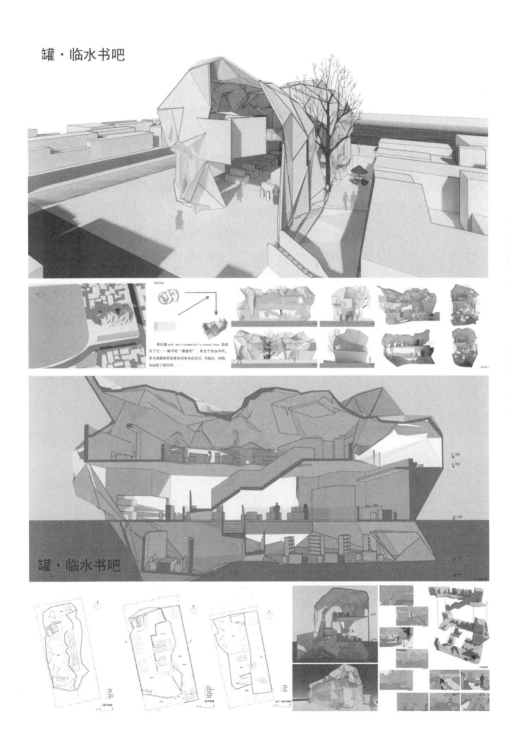

罐·临水书吧

墨馨——临水书吧设计

总平面图

南立面

北立面

东立面

西立面

概念生成：

总平面图

模型展示图

爆炸轴测图

书，作为人类精神文化历史的载体，记载着人类文明，是人类智慧之结晶。墨砚，中华文房四宝之一，乃记述文字之原料，以书为伴，在惬意的午后，品上一杯香茗，就着书香，是最好的消遣，故有了"墨馨"之雅室。

该建筑一共三层，地下一层，地上两层，建筑总面积768m²，该建筑集书吧、水吧为一体；一层为吧台、新书阅览区；二层主要为阅览区和公共交流区；地下一层阅览区以外还有办公区及其他基本附属功能区。

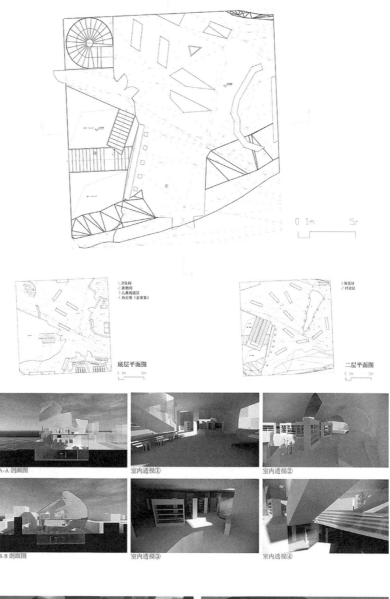

0 1m   5r

1.卫生间
2.杂物间
3.儿童阅读区
4.办公室（会客室）

1.阅览区
2.讨论区

底层平面图
0 1m   5m

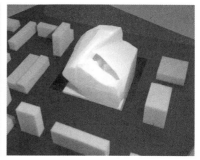

二层平面图
0 1m   5m

A-A 剖面图

室内透视①

室内透视②

B-B 剖面图

室内透视③

室内透视④

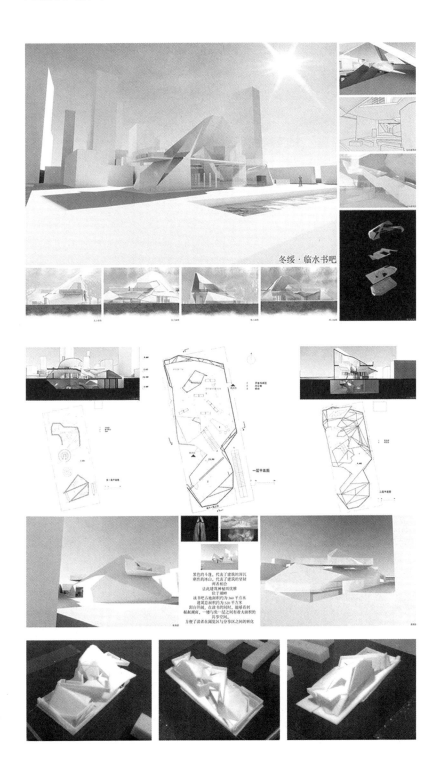

徐维真同学临水书吧建筑设计方案

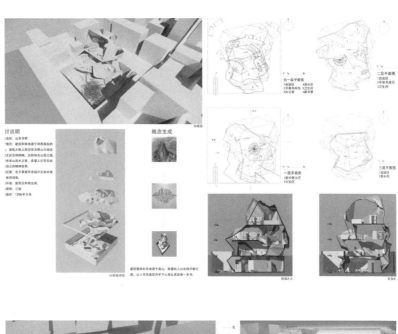

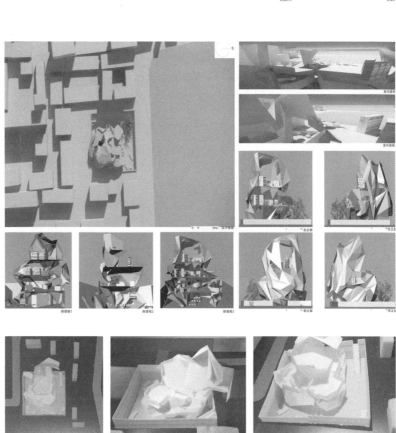

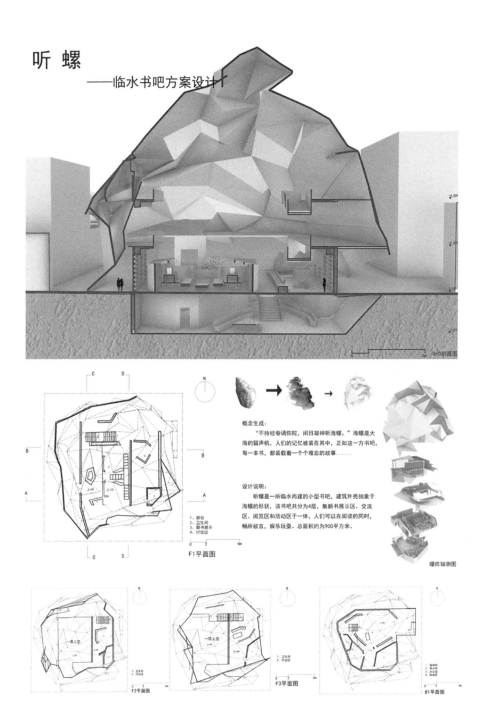

听 螺

——临水书吧方案设计

D-D剖面图

概念生成：
　　"不持经卷请弥陀，闭目凝神听海螺。"海螺是大海的留声机，人们的记忆被装在其中，正如这一方书吧，每一本书，都装载着一个难忘的故事……

设计说明：
　　听螺是一所临水而建的小型书吧，建筑外壳抽象于海螺的形状，该书吧共分为4层，集书展示区、交流区、阅览区和活动区为一体，人们可以在阅读的同时，畅所欲言，娱乐玩耍。总面积约为900平方米。

F1平面图

爆炸轴测图

F2平面图

F3平面图

B1平面图

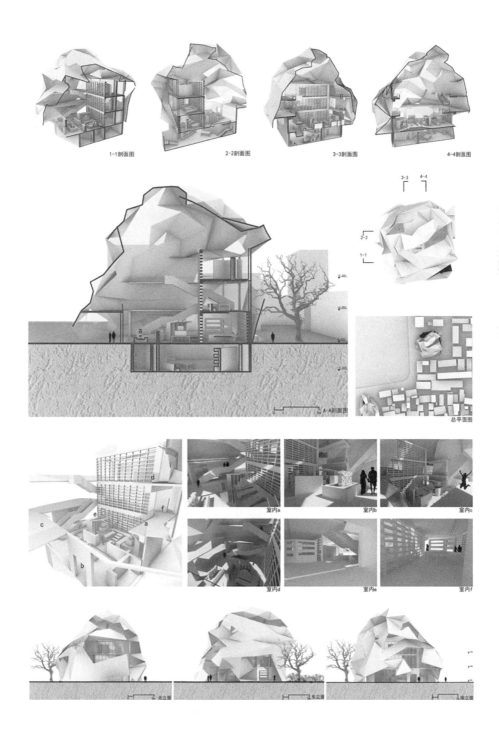

1-1剖面图　　　　　2-2剖面图　　　　　3-3剖面图　　　　　4-4剖面图

A-A剖面图

总平面图

室内a　　　室内b　　　室内c
室内d　　　室内e　　　室内f

北立图　　　东立图　　　南立图

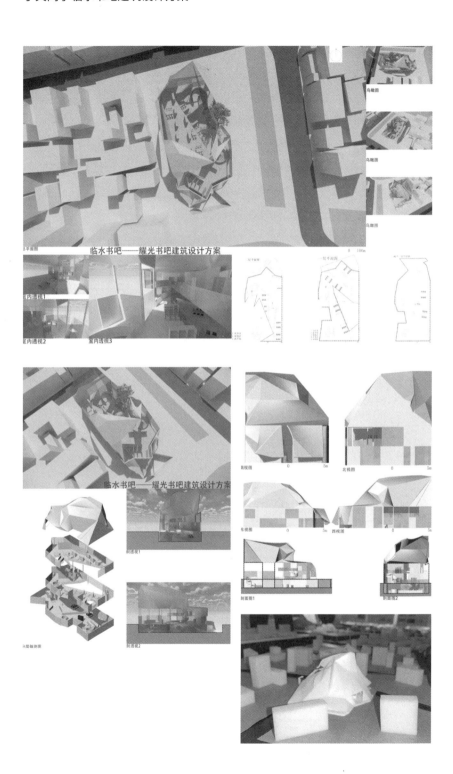

郑泽浩同学临水书吧建筑设计方案

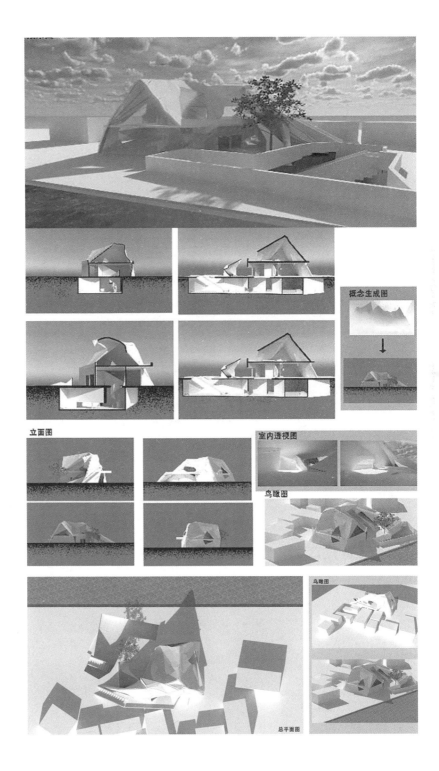

榕·书吧设计方案（一）

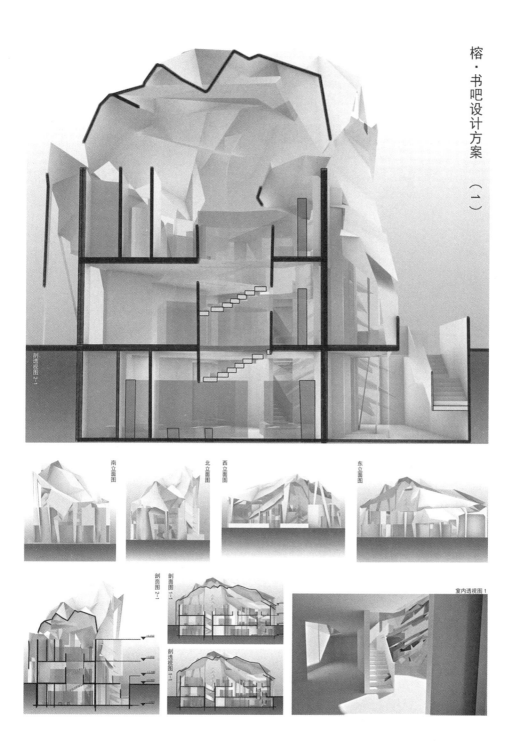

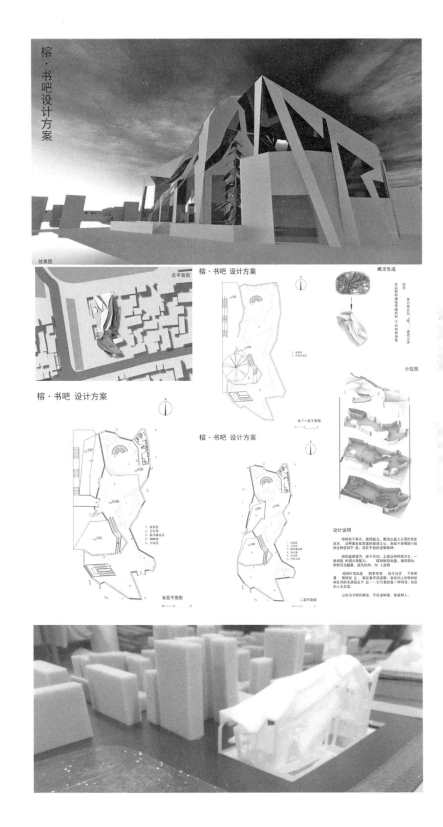

后记

在为期 8 周的"形态与观念赋予"设计教学法的训练中，同学们通过对自由空间形态模型的获取、操作和积累，逐渐摆脱了最初的创造力匮乏的状态，对建筑形态不再望而却步。各种自由的形态开始在同学们的手中被塑造成具有趣味性的建筑形态。通过每位同学在训练中完成的 4 个建筑方案设计，可以看出他们对建筑形态的认知和操作由生涩、束缚到轻松、自由的转变。该设计教学法之所以能够使同学们发生如此巨大的变化，首先在于其建筑空间思想的深刻与自由，这一思想将人类的生存之所置于宇宙存在的维度去认识，只要以人的视角去观察存在之物，其蕴含的空间就可以被人类利用，成为建筑之所；其次，建筑形态获取方法的自由，也是以自由的建筑空间思想为指导，同学们饶有兴趣地将身边的各种物体作为建筑形态的雏形来尝试，这激发了他们对建筑形态的自主探索能力，通过这一方法，同学们能够方便、迅速地获取建筑形态。

从学习认知层面来讲，该教学法没有给建筑形态的创造设定任何限制条件，而是充分激发同学们的发掘与认知能力，为他们今后的建筑设计积累形态创造的基础。从教学策略层面来看，该教学法采用了"练习＋方案"的教学策略，围绕对建筑形态的读解和利用，让同学们在练习阶段可以一方面尽可能多地发掘、积累空间形态素材，另一方面通过将具体建筑功能置入这些空间形态之下，初步掌握从自由存在的空间形态到建筑形态的转化方法。同时，在方案阶段，同学们可以根据具体的建筑设计任务书，掌握使这种自由的建筑形态适应场地限定条件的设计应用能力。

总而言之，该教学法不仅开拓了同学们对建筑形态的创造性思维，还将建筑的造型与功能结合起来，解决了两者在建筑设计教学过程中难以融合的问题，为同学们设计自由形态的建筑，提供了万能的"秘门之匙"。